◎国家自然科学基金青年科学基金项目（52105570）成果

离子风驱动下聚合物形貌微调控与图形化制备研究

周尚儒　著

中国矿业大学出版社

China University of Mining and Technology Press

·徐州·

图书在版编目（CIP）数据

离子风驱动下聚合物形貌微调控与图形化制备研究 /
周尚儒著 . — 徐州：中国矿业大学出版社，2025. 1.
ISBN 978-7-5646-6464-0

Ⅰ. TQ31

中国国家版本馆 CIP 数据核字第 20241C38T5 号

书　　名	离子风驱动下聚合物形貌微调控与图形化制备研究
	Lizifeng Qudongxia Juhewu Xingmao Weitiaokong yu Tuxinghua Zhibei Yanjiu
著　　者	周尚儒
责任编辑	章　毅
出版发行	中国矿业大学出版社有限责任公司
	（江苏省徐州市解放南路 邮编 221008）
营销热线	（0516）83885370　83884103
出版服务	（0516）83995789　83884920
网　　址	http://www.cumtp.com　**E-mail**：cumtpvip@cumtp.com
印　　刷	湖南省众鑫印务有限公司
开　　本	710 mm×1000 mm　1/16　印张 9.5　字数 145 千字
版次印次	2025 年 1 月第 1 版　2025 年 1 月第 1 次印刷
定　　价	68.00 元

（图书出现印装质量问题，本社负责调换）

周尚儒　陕西绥德人，长沙学院机电工程学院讲师，武汉大学机械电子工程专业博士。主要研究方向为电流体动力学，微小尺度复杂流动调控，电子制造与封装。近年来，在 *Applied Surface Science*、*Applied Physics Letters*、*Langmuir*、*Computational Materials Science*、*Micromachines* 等国内外知名刊物上发表论文10余篇。

前　言

聚合物广泛应用于生物学、光学器件、电子技术、微纳米技术等众多领域，探索先进的控制方法一直是研究的热点。目前常用的控制液态聚合物的方法如微米／纳米压印、热成型、喷墨、光刻和软刻等存在工艺成本高、工艺过程复杂、对设备精密性要求高、加工材料针对性强等缺点。本研究基于液体表面的不稳定性和自组织性特征，通过电晕放电产生的离子风对液体聚合物进行调控，研究其形貌变化和运动特点，并探索了离子风驱动液体聚合物的运动机理，及其在聚合物微结构制造、液滴微流控、油水分离、防伪等不同领域的应用。

本书研究了离子风驱动下液态聚合物的定向运动规律。在研究离子风驱动聚合物运动机理的基础上，实验分析了介电液体定向汇聚和铺展运动规律，然后进一步探讨了不同驱动电压下，介电液体的汇聚与铺展速度，以及汇聚和铺展速度与移动距离的对应关系。结果表明，离子风驱动作用下，介电液体会从非导电区域朝导电区域定向汇聚，然后在导电区域内进行铺展，而导电液体则不存在流动现象；同时，针电极电压越大，介电液体的定向运动速度越快；实验测得，硅胶最高汇聚速度为6.1 mm/s，最高铺展速度为8.5 mm/s。另外，通过 COMSOL 仿真进一步分析离子风驱动介电液体做定向运动的机理与条件。

本书基于离子风驱动下介电液滴朝与高压电源负极相连的导电区域定向汇聚的特性，提出了多个介电液滴之间聚散、迁移等行为的液滴微调控方法。分析了介电液滴运动的机理及介电液滴在相邻电极间迁移的运动速度和稳态时间变化规律特性，探究了介电液滴在多个不同电极通断状态控制方案下的运动特性。结果表明，离子风能够驱动多个介电液滴实现聚合、移动、分离与合并等运动，测得液态硅胶最快迁移速度为1.6 mm/s，最短稳态时间为24 s。基于离子风驱动下介电液滴定向运行和非介电液滴不运动特性，研究了油水分离方法及其控制特性。研究结果表明，离子风驱动作用下，油沿着电场方向从非导电区域移动到导电区域，而水滴则停留在非导电区域，从而实现油水分离。在一定范围内，油水分离时间与驱动电压成反相关关系，即电压越大，完成分离的时间越短。10 μL 的油水混合物分离所用最短时间是14 s。

本书基于离子风驱动下介电液体定向汇聚运动特性，提出了离子风调控液态聚合物薄膜成型的新方法。利用介电液体朝导电区域作定向流动的现象，制备了多种聚合物微图形，包括尺寸不同的圆形和方形的凹凸阵列、英文字母和数字等。结果表明，所制备的图形化微结构与 ITO 导电玻璃上设计的导电图形的形状相吻合，其尺寸从几百微米到几毫米不等。针对制备好的凹凸两种微结构阵列，用激光共聚焦显微镜表征了其三维形貌以证明阵列的一致性。微形貌表面呈现超光滑的特点，且其表面粗糙度为纳米级别或以下。

本书基于离子风驱动下介电液体波动性铺展运动特性，提出了一种利用聚合物在石墨签名导电区域形成波动微形貌的防伪方法，建立签名防伪和形貌防伪相结合的双重防伪方案。分析了电压和旋涂速度对微图案形貌的凹坑面积、凹坑密度、细节密度等防伪复杂度参数的影响。实验测得最小凹坑面积为7.1 μm^2，最高凹坑密度可达到1 402/mm^2，最高细节密度可达到15 096/mm^2。最后，通过 MATLAB 软件平台验证了防伪图案的可识别性以及防伪标志的复杂性。

感谢长沙学院机电工程学院"湖南省'双一流'应用特色学科——机械工程"、国家自然科学基金青年科学基金项目（项目编号：52105570）和湖南省教育厅科学研究项目（项目编号：22B0836）的资助。

周尚儒

2024年5月

目　录

第1章 绪 论

1.1 研究背景与意义

随着微机电系统（MEMS）的发展，工业产品的微型化、智能化、多功能、高集成度趋势日渐明显。MEMS 侧重于超精密机械加工，是一种典型的多学科交叉的前沿性研究领域，涉及物理学、光学、力学、化学、材料学、生物医学、微电子技术、机械工程及信息工程等多种学科和工程技术，它的学科面涵盖微尺度下的力、电、光、磁、声、表面等物理、化学、机械学的各分支 [1-5]，为智能系统、消费电子、可穿戴设备、智能家居、系统生物技术与微流控技术等领域开拓了广阔的用途。

聚合物材料以其价格低廉、质量轻、耐腐蚀、耐氧化、易成型、绝缘性能好、抗冲击性能好，部分聚合物材料具有理想透明性等特点，相对其他材料具有不可比拟的优势，使其在 MEMS 器件制造领域体现出前所未有的优势 [6]。聚合物微器件在航空航天、精密仪器、生物与基因工程、生命科学、化学工程、信息通信、环境工程和国防等领域，尤其是微光学器件和生物分析芯片领域，有着广阔的应用前景 [7-8]。在聚合物微制造过程中，聚合物图形化技术是必不可少的关键技术之一。

聚合物图形化根据不同的关键问题，如精度、可靠性、规模、速度或成本等，主要分为两类平行的方法。一类可以概括为适应性技术 [9]，另一类是驱动成型技术。适应性技术主要包括模压成型、微米/纳米压印 [10]、光刻和软刻 [11]、激光烧结和激光扫描 [12-13] 等，以获得微米和纳米图案的聚合物表面。这些适应性技术提供了先进的高精度的制造能力，但是存在工艺成本高、过程复杂、设备昂贵、加工环境苛刻、加工材料针对性强、适用范围窄的问题[14]，导致适应性技术图形化在电子制造领域的应用中受到了极大的限制。

在工业微制造过程中，理想的聚合物图形化工艺应该具有以下特点：成本低、可批量制作、加工面积大、可实现三维加工、非接触式等。其中，最关键在于如何以更低的成本，在更大的基板上，制造出特征尺寸更小的器件。因此与上述适应性技术要求使用高度精密复杂的设备相比，越来越多的研究关注于利用聚合物液体固有的表面不稳定性和自组织特性，通过表面应力来驱动聚合物形成特定的表面图案。包括表面张力、光、热、声波、库仑力等产生的外部力场刺激引起的界面非均匀机械应力诱导聚合物表面不稳定[15-22]。利用表面不稳定性来图案化聚合物表面，主要依赖于在液体自组织过程中获得丰富和复杂的纳米级到毫米级的图案[23]。

在众多表面应力驱动聚合物成型的方法中，电调控方法相对稳定均匀，调节方便，可靠性好，精度高，具有一定的优势。本书针对聚合物形貌调控与图形化制备技术开展了研究。对离子风作用下介电材质聚合物运动行为进行理论和实验探究。在掌握问题本质规律的基础上，提出聚合物微结构制造、介电液滴微流控、油水分离、防伪等不同领域的应用创新。所提出的技术具有非接触、工艺过程简单、成本低廉和环境友好等优点，实现了不同学科之间的交叉和融合，有助于推动 MEMS 制造领域的技术创新，具有一定的商业化前景。

1.2　聚合物微调控技术及其应用概述

作为 MEMS 制造的重要研究领域，聚合物微调控广泛应用于芯片实验室技术、微纳米技术、电子技术、光学器件、生物学、化学等众多领域[24-30]，如图1-1所示。液体聚合物微调控系统是一个多学科交叉的研究领域，对聚合物微流进行精确控制和操纵的研究在实际应用中具有非常重要的意义[31-34]。在聚合物微调控系统的众多应用中，被操控的聚合物有多种存在形态，包括连续流动的聚合物，聚合物液滴，图形化聚合物薄膜等。

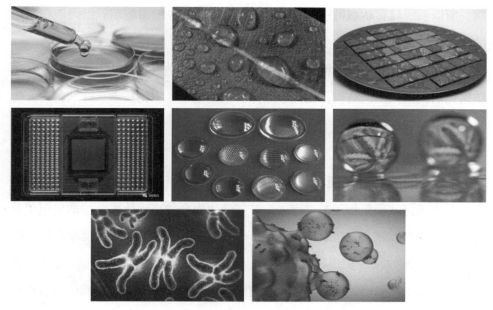

图1-1　聚合物微调控在不同领域中的应用

连续流动的聚合物操控技术是对微通道内的连续液体流动的操纵，液体流动的驱动由外部压力来实现。连续流动装置适用于许多简单的生化应用，但不适用于需要高度灵活性的流体操作任务。对液体流动特性进行研究，如定量定向运动对于微流体输送具有重要意义。连续流动系统中的过程监控可以通过基于 MEMS 技术高度敏感的流量传感器来实现，提供纳米级范围的分辨率，这些高精度技术是通过对连续微流体的操纵来实现的。

聚合物液滴调控分为单液滴微调控与多液滴微调控。对聚合物单液滴进行调控改变其形貌或润湿性等特点，可应用于电子封装和显微镜制造等，例如用于 LED 封装来调节出光效率或者光学反射和透射光谱，用于制作可变焦距的液体透镜[35-36]。多液滴聚合物调控可以方便地处理流体的微小体积，适合用于芯片实验室技术，是将检测操作、样品预处理、样品制备和样品输出等功能都集成在一个芯片上，实现在数字轨道基板上对离散的、独立可控的纳升、皮升量级液滴的数字微流控，类似于数字微电子 [37-40]。因为每个微流可以独立地控制，所以系统具有动态可重构性，由此微流控芯片中的单位单元组可以在测定的同时执行重新配置以改变其功能。

聚合物薄膜图形化结构是在基片上制备微米或纳米量级的微观结构，其微结构包括规整和随机结构，在光学器件、柔性电子、生物技术、微纳制造、仿生学等众多领域具有很大的实践应用价值 [41-44]。

1.3　国内外研究现状与存在的问题

在许多自然现象和工艺过程中，控制液体聚合物在固体表面运动是至关重要的。可控液体聚合物运动广泛应用于许多微 / 纳米科学领域和工程应用，探索先进的控制方法一直是研究的热点。为了摆脱对复杂加工过程和设备的依赖，人们越来越多地关注利用液体固有流动性或形变特性来调控液体的形貌和流动等特点，故本节着重介绍利用液体表面不稳定性来实现可控运动的国内外研究现状与存在的问题。本书提出的离子风驱动技术就是利用液体表面不稳定性来驱动液体聚合物运动成型。

现已研究开发出许多利用液体表面不稳定性来实现液体可控运动的方法，如调节基板润湿性、通过光、热、声波、电场等产生的外部力场引起的界面非均匀机械应力驱动液体不稳定。当外部环境改变，引起液体热力学失衡，它会自发地通过形态转变从一个初始的状态，如薄膜 / 液滴的形态演变成一个较低的能量结构状态，中间伴有液体运动过程。由于这样的不稳定性，因此可以通过施加外部力场作为液体自组织的驱动，对于液体来讲自由能的最小化是关键的驱动力 [45]。

1.3.1　调节表面张力梯度驱动液态聚合物运动

表面张力可以驱动液体流动的现象很早就被人发现，即在固体 - 液体界面产生某种表面张力梯度，驱动液态聚合物定向运动。液体表面张力驱动的宏观

表现就是固体 - 液体界面润湿性梯度，通过物理或化学的方法来改变固体基板的润湿性，使得基板上液滴两侧形成高表面能（比如亲水）和低表面能（比如疏水），使得液滴底部两边的表面张力不平衡，表现为接触角的不相同，其压力差可以驱动液滴从低表面能向高表面能运动。影响固体表面润湿性的因素有很多，本节主要介绍固体支撑表面利用化学[46-47]、光、热等作用使液滴两侧相对表面张力不均衡来实现驱动液滴运动。

1.3.1.1 基板表面化学梯度驱动液滴流动

1992年 M. K. Chaudhury 等首次提出了通过固体表面化学梯度的方法来驱动液滴流动[48]。利用扩散控制化学试剂硅烷（$Cl_3Si(CH_2)_9CH_3$）密度的气相沉积方法在硅晶片表面制备自由能梯度表面，其疏水性梯度超过1 cm，接触角则从97°到25°。当具有表面梯度的硅晶片平面倾斜角度为15°，将疏水端置于下方、亲水端置于上方时，在下端滴一滴1～2 μL 的水滴，由于作用在液滴 - 固体接触面上的表面张力不平衡驱动水滴进行上坡运动，其平均速度为1～2 mm/s。此实验还驱动了甘油和氯仿在水平面的运动。

1.3.1.2 光致异构化基板驱动液滴运动

2000年 K. Ichimura 等首次提出并实验成功利用"光导"（Light Guide）来驱动液体可逆运动，是利用光改变液体覆盖的光敏固体材料表面的润湿特性，形成表面张力梯度来驱动液体定向铺展[49]。当非对称光源照射到某光致异构化固体表面时，产生一个表面自由能梯度，驱动液滴定向运动，通过改变光强度梯度的方向和陡度，可调节运动的方向和速度。实验结果表明，该方法可将2 μL 的橄榄油液滴以35 μm/s 的速度在这种光致异构化的物质表面上运动。如图1-2所示，使用对称的紫外光照射时，液滴原位对称扩散，接触角为18°，如图1-2（a）所示；使用非对称蓝光照射时，液滴左边脱湿，驱动液体朝左边单方向运动，接触角变为25°，如图1-2（b）所示；然后再使用对称蓝光照射时，液滴脱湿停止运动，如图1-2（c）所示；用相反梯度的非对称蓝光照射时，液滴则会反向运动。本方法还实现了驱动有机液体 NPC-02和5CB 的定向运动。

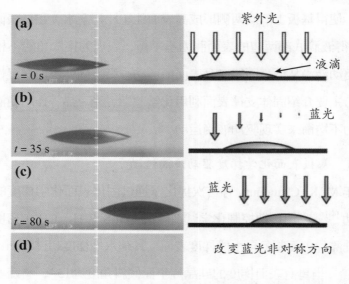

图1-2　光驱动橄榄油滴在光致异构化基板上的运动

(a) 对称紫外光照射；(b) 非对称蓝光照射；(c) 对称蓝光照射，停止运动；(d) 改变蓝光非对称方向 [49]

1.3.1.3　基板温度梯度驱动液滴流动

基板温度梯度驱动是指使用微加工的各种不同的方法使微液滴基板两侧产生温度梯度，导致表面张力梯度驱动液滴移动，这被称为热毛细效应。2003年 N. Garnier 等提出利用光热形成表面张力梯度来驱动微量液体运动，如图1-3所示 [50]。光源发射的光束照射到衬底图案，基板局部因吸收光而形成相应的热差分布，即实现光吸收来形成热量梯度，通过热毛细效应使纳升量级的液体从温度高的区域（亮）向温度低的区域（暗）运动。实验中的液体是一种商业用硅油，在所有实验中，施加均匀的光强产生每厘米30 ℃的温度梯度，驱动硅油运动。本方法可以同时驱动多个液滴实现分离或者融合，还可以通过适当的光强度调制来实现对液体结构的扰动。

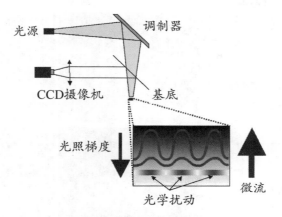

图1-3 利用热毛细效应驱动液体流动示意图[50]

1.3.2 热力驱动液态聚合物在固体表面运动

热力驱动是指外加热力驱动液体不稳定导致液体薄膜成不同的几何形状。E. Schäffer 等于2003年提出通过顶板和基板之间施加温差，使得基板上的液态聚合物薄膜表面由于热流而失稳[51]。如图1-4(a)所示，聚合物 - 空气双层被夹在基板和顶板之间，二氧化物间隔（图中的虚线柱）范围为100~600 nm。一个厚度为 h_p（80~110 nm 之间）的聚合物薄膜置于温度控制的热基板上，薄膜与顶板之间留下一个气隙显示出形态不稳定，其气隙高度为 h_a（100~600 nm 之间），顶板温度设置为170 ℃，基板温度为10 ℃，实验结果表明，热流可导致液体聚合物薄膜破裂成横跨两个板的柱状或条带状图案形貌，如图1-4(b)~图1-4(c)所示，所形成的图形取决于所施加的温度差和顶板和基板之间的距离。

同年，E. Schäffer 等提出使用热力驱动液体聚合物薄膜不稳定性实现图案复制[52]，如图1-4(d)所示，图形化顶板和基板分别被保持在不同的温度 T_1 和 T_2，产生温度差，横向调节不稳定力导致聚合物薄膜的失稳再分配，所形成的图形与热压花技术通过外力将模板压入聚合物膜中形成负拷贝相反，复制的图案与顶部结构图案相一致。结果复制了各种不同尺寸的六边形图案和方形图案，见图1-4(e)~图1-4(f)。

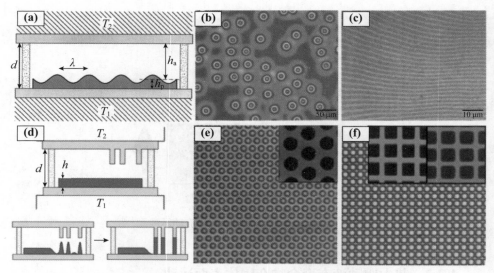

图1-4 热力驱动液体聚合物薄膜不稳定性实现图案复制

(a) 顶部和底板之间施加温差使液体聚合物薄膜失稳； (b) 产生柱状图案；(c) 产生条状图案；(d) 图形化顶部和底板之间施加温差使液体聚合物薄膜实现图案复制；(e) 产生六边形图案；(f) 产生方形图案 [51-52]

1.3.3 光驱动液态聚合物在固体表面运动

微流控技术与光学相结合形成一个新的学科，即微流控光学（Optofluidics），这使人们注意到一种新颖的聚合物驱动技术，即光驱动。

J.M. Katzenstein 等于2014年提出紫外曝光法驱动聚合物薄膜流动和形貌固化，如图1-5(a) 所示 [53]，与传统光刻方法相似，通过掩模将光敏剂掺杂的聚合物暴露于波长为365 nm 的紫外（UV）光下，通过光化学反应提高暴露区域表面能，具有较低表面能的未曝光区域的薄膜聚合物快速地进入到高表面能区域生成与掩模图案相对应的平滑三维形貌并且将光敏剂掺杂的聚合物在125 ℃下加热1 h来稳定表面形貌特征，然后通过暴露于更高能量的紫外光中（UVB/UVC，$\lambda = 225 \sim 325$ nm，16 J/cm^2）完全激活光敏交联剂以固化聚合物。本方法可以通过快速、无接触工艺在聚合物薄膜中形成规整条状图案形貌，如图1-5(b) 所示。

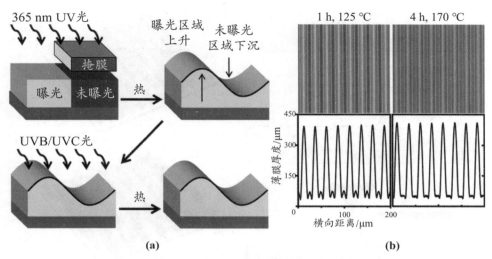

图1-5　紫外曝光法驱动聚合物膜流动和形貌稳定

(a) 紫外曝光法驱动聚合物膜流动和形貌稳定过程；(b) 典型的 200 μm 宽的聚合物条状图案，左侧是样品曝光后的形貌，右侧是退火后的样品形貌 [53]

O. Lyutakov 等于2013年提出了一种特殊的激光图形化聚合物技术，如图1-6所示 [54]。使用连续激光束逐行扫描选定的掺有光致抗蚀剂的聚合物区域，由于光吸收使得其表面能量分布不均匀，形成亚微米级的波纹形貌结构。聚合物趋向于在扫描区域的边界上形成两个突出的表面结构，且这种结构仅出现在激光扫描的方向形成周期性结构。所使用激光束光斑直径约为0.5 μm，波长为405 nm，功率为0.1 W，样品扫描速度为2 μm/s。以这种方式制备具有不同尺寸和形态的结构，同时还给出了衍射光栅或波导耦合元件的结构应用。本方法直接在环境空气中进行，并且可以通过移动速度、掺杂剂浓度等对形貌进行调制。

1.3.4　声波驱动液态聚合物在固体表面运动

20世纪50年代就发展了一些基础的声流理论，但是具体的实验研究在20世纪90年代才在国际上出现。近年来，超声波流体驱动技术 [55] 因为其独特的优势，发展较为迅速，其驱动原理是声场能量的耗散转变为流体能量形成稳定的声流而无任何物理接触。

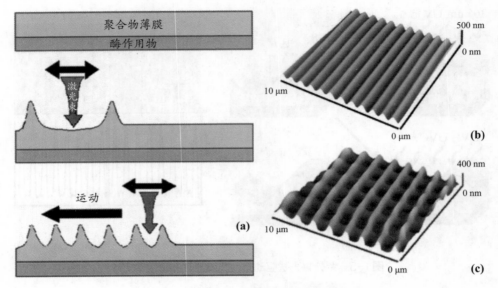

图1-6　激光扫描聚合物表面图形化

(a) 激光扫描聚合物表面图形化原理；(b) 激光扫描后聚合物表面条状形貌的 AFM 图；(c) 两个激光垂直方向扫描制备聚合物表面晶格形貌的 AFM 图[54]

声流控主要是利用表面驻波（SSAW）和表面声波（SAW）的形式实现[56]。表面驻波利用波形在空间的固定分布，流体质点在原地做强烈的振荡，主要用于微粒的筛选分离、混合、整流等，但并不能实现对微流体的定向驱动[57]。表面声波（SAW）是声波沿弹性材料的表面传播，其振幅通常随深度指数衰减，其激励频率达到10~100 MHz，具有很大的驱动能量。在衬底中，SAW 波是横波，并且在进入液滴时，变成纵波，正是这种纵波驱动微流体运动[58]。

2012年，A. R. Rezk 等揭示了一个 SAW 激发硅油液滴湿润和不稳定的现象，即硅油滴在 SAW 的激发下，大部分硅油滴沿着 SAW 传播方向移动，有薄层油膜朝反方向运动，如图1-7所示[59]。硅油滴与压电基片的接触角很小，暴露于 SAW 时，这种小的接触角导致在 SAW 传播方向上推进液滴的大部分，而小部分液体薄膜会朝 SAW 传播反方向扩散[图1-7(c)]。随着反方向液体薄膜的前进，表面形成了微指纹状图案[图1-7(d)]；在达到临界大小时，微指纹图案上出现了声波脉冲沿波传播方向平移的现象［图1-7(e)］。

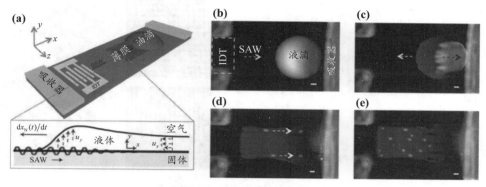

图1-7　SAW 驱动油滴运动

(a) SAW 驱动油滴实验装置图；(b) 初始状态；(c) 油滴沿 SAW 传播方向运动，薄层油膜反方向移动；(d) 油膜出现微图案；(e) 微图案上出现波脉冲[59]

Y. Wang 等利用 SAW 在光固化聚合物薄膜表面制作图形化微阵列[60]。如图1-8(a) 所示，使用一对 SAW 在液体薄膜上产生起伏的形状，当 SAW 沿着压电衬底表面传播时，能量被固定到表面下面的几个波长的深度，所产生的声压场可以在液体薄膜表面上激发具有一定周期和振幅的稳定模式，如图1-8(b) 所示。实验过程中将氮气引入工作腔室并完全覆盖聚合物薄膜，以产生无氧环境。在聚合物薄膜稳定之后，用紫外光照射以固化聚合物薄膜的微结构图案，固化时间一般仅需2~3 s。初步结果表明，使用一对 SAW 器件作用于聚合物薄膜时，可制备条形阵列，如图1-8(d) 所示；使用三对 SAW 器件，相互成60°作用于聚合物薄膜时，可制备微结构阵列，如图1-8(c) 所示。当使用多对波长不同但相互夹角相同的 SAW 器件作用于聚合时，可以成功制备多种类型和多种尺寸的图形化微结构阵列，例如具有不同表面形貌的线性和网格微结构阵列。可以通过调整激发的 SAW 波长参数和输入电压参数等，来调整图案化微结构阵列的周期和振幅以实现不同类型的图案化表面。这些微结构阵列表面可以用于细胞培养。实验结果表明，细胞与图案化表面会很好地对齐以加快培养速度。本方法强调了快速、可控地制备功能性聚合物薄膜。

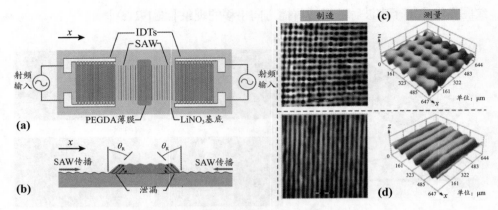

图1-8　用 SAW 制作图案化微结构阵列 [60]

1.3.5　电驱动液态聚合物在固体表面运动

电流体动力学（Electro-hydro dynamics，EHD）是一种众所周知的现象 [61-63]，近年来电流体动力学技术在微纳制造领域得到了广泛的应用。电驱动导电液体改变其表面张力来调节液体形貌早在一百多年之前就被人提出，Lippmann 等发现水银与电解质溶液接触面的位置可被外部施加的电压所影响 [64]。但是电驱动非导电液体从稳态变成非稳态并呈现特定结构的提出相对要晚几十年。

1.3.5.1　电场驱动聚合物运动成型

1995年，A. Onuki 等研究发现，当电场作用于不导电的液态聚合物时，聚合物接触界面则会有不稳定的现象出现 [65]，并提出通过电场诱导和控制液体聚合物周期性的自组装成型。

2000年，E. Schäffer 等在 Nature 上发表文章提出了电场诱导聚合物薄膜图形化成型技术，如图1-9所示 [66]。当外加电压产生的电场力作用于聚合物薄膜时，其界面处产生位移电荷诱导聚合物薄膜失稳而朝一定方向生长和演化，最终跨越电极间隙形成一定的微结构。不稳定性的早期阶段表现为表面起伏的出现，波动的幅度朝电压施加的方向随时间而增长，最终导致跨越整个间隙的柱状形成。如果顶部电极为平板电极，可以促使聚合物薄膜在光滑的基底上形成一定的柱状微结构阵列。如果平板顶部被具有微结构的电极取代时，聚合物薄膜在距顶部电极距离最小的位置处发生不稳定，由此可以控制其生长和演化的方向，从而实现对电极模板图案的复制，之后将聚合物加热固化其形貌，最后机械去除电极形成表面微结构。本书通过实验制备并复制了一些亚微米尺度的聚合物微图形，见图1-9（c）。

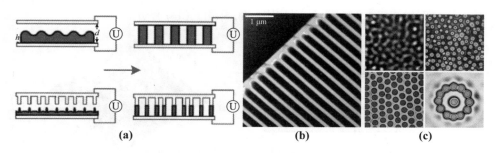

图1-9 通过电场诱导技术制备聚合物微结构

(a) 原理图；(b) 复制光栅微结构；(c) 多种微结构形貌 [66]

之后很多学者研究并采用不同结构的电极来进行静电诱导实验得到不同的微结构。2010年，N. E. Voicu 等采用倾斜顶板电极来对液体聚合物薄膜进行静电诱导实验，通过空间电场的调节来制备跨越两个电极板，具有高度梯度的聚合物微结构阵列如图1-10所示 [67]。

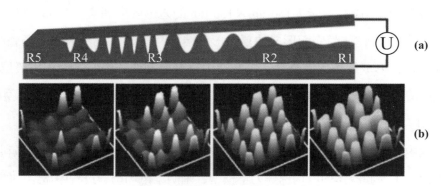

图1-10 倾斜顶板电极静电诱导实验

(a) 原理图；(b) 具有高度梯度的微结构阵列 [67]

2009年，J. Heier等学者研究并采用光滑波纹顶板电极对液体聚合物薄膜进行静电诱导，建立理论模型对薄膜在非均匀电场中失稳进行理论分析，并通过聚合物进行实验验证，薄膜成型固化后通过原子力显微镜（AFM）进行表征，如图1-11所示[68]。将液体薄膜的左边区域暴露于光滑平板电极电场，同时将液体薄膜的右边区域暴露于光滑波浪形电极电场，得到的微形貌左边区域光滑，右边区域形成表面起伏的波纹形结构，如图1-11（b）所示。

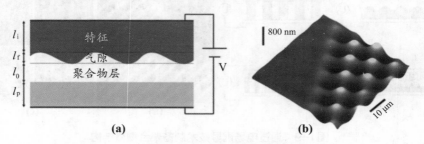

图1-11　光滑波纹顶板电极进行的静电诱导实验

(a) 原理图；(b) 微结构阵列 AFM 图[68]

2011年，P. S. G. Pattader等通过控制电压和固化时间诱导聚合物分层、多尺度图形化，从而在同一电极上产生多个复合的中间层，通过实验和模拟来揭示分层模式的形成过程。制备了多种不同的混合式图形微结构，特征尺寸跨越一个数量级，图1-12所示为150 μm×150 μm的方形阵列图案化顶部电极，在7 μm厚的聚合物薄膜表面形成的复杂形貌结构[69]。通过逐步增加电场强度，同时保持已形成结构的完整性，来制造由逐渐增加的一级、二级和三级层次结构组成的多尺度复杂结构，不同时间和电压下产生的分层结构实验结果如图1-12(a)～图1-12(e) 所示，对应的模拟结果如图1-12(I)～图1-12(V) 所示。

国内对电场诱导技术的研究起步较晚，2010年，西安交通大学丁玉成科研小组建立了薄膜流体的电场诱导力学模型，阐明了电场诱导过程中微结构的形成机理和周期特性，并详细分析了微结构的成长因数，采用紫外固化型聚合物作为流体材料，在常温条件下进行实验且制备出了周期性柱状微结构，对微结

构尺

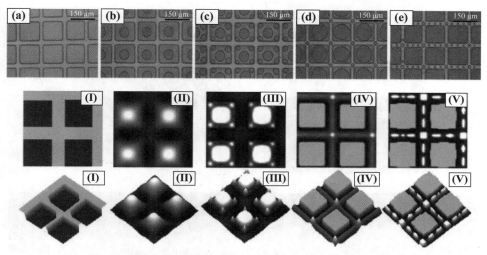

图1-12 通过电场诱导技术制备的混合式图形微结构[69]

寸进行分析，通过诱导时长和图形成型特点对工艺参数进行了优化[70]。2013年，该小组利用电诱导图案化工艺将具有显著尺寸梯度变化特征的不规则结构从模板复制到聚合物表面，制备了宽度从2 μm到20 μm的条形阵型，直径从5 μm到40 μm的圆柱形阵列，边长从5 μm到40 μm的方形阵列等结构[71]，结果得到了完整的结构复制，如图1-13所示。

2013年，中国科学院长春光学精密机械与物理研究所的鱼卫星科研小组报道了关于静电诱导聚合物制备出微结构图案的相关研究[72]，通过实验对尺寸不均匀的栅线结构、二元波带片阵列结构、方块阵列结构、微透镜阵列结构、波导阵列结构等的高精度和高宽比进行复制，并对静电诱导工艺进行了探索。2014年，该小组通过多物理场仿真对聚合物润湿角、液体薄膜厚度、电极板形貌等相关的重要参数进行研究得到最优参数[73]。并通过实验验证了本方法在制备中空微胶囊、微透镜等三维中空微结构方面具有非常明显的优势。

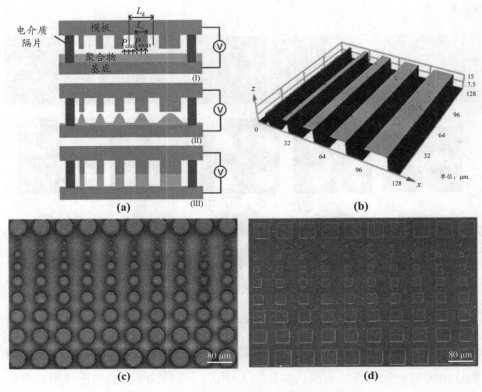

图1-13　电场诱导制备具有尺寸梯度的聚合物图形

(a) 原理图；(b) 不同宽度条纹；(c) 不同直径圆形阵列；(d) 不同边长方形阵列 [71]

1.3.5.2　离子风作用下介电液体运动

离子风，也被称为电风、电晕风[74]，离子风是电晕放电产生的，电晕放电是指气体介质在不均匀电场中的局部自持放电现象，是一种常见的气体放电，可以是相对稳定的放电形式。当高电压加在曲率半径很小的尖端时，由于尖端电极附近局部电场强度超过气体的电离场强，使气体发生电离，电子与正离子在库仑力的作用下沿着电场线运动，同时带动空气周围的中性分子产生气流运动，形成离子风。目前离子风技术主要应用于气流加速和控制、空气除尘、散热、电声[75-78] 等领域。

很早以前，就有人发现低导电液体暴露在电场下，会出现不稳定状态且呈现出特定的微结构。1970年，J. M. Schneider 等对这个现象做了理论和实验研究[79-80]。认为低导电液体非稳定状态与液体黏度、电流密度、载流子迁移等有关，并且用七阶特征方程来表示，通过迭代法，发现开启电压的存在，即当电压高于这个开启电压值时，低导电液体会呈现非稳态。

1997年，A. T. Pérez 等发现，在针-平板电极配置产生的离子风的作用下，低导电液体薄膜呈现类似"玫瑰花"的图案[81]。2003年，他们组科研人员采用蓖麻油和硅胶液体薄膜对这个现象进行深入研究，产生了不同形状的类似"玫瑰花"的图案[82]，如图1-14(a)所示。2008年，同组研究人员研究了离子风下向日葵油表面出现不同图案的原因，发现液体层出现的图案与其膜厚有关，当采用薄层液体进行实验，表面会出现规则的六边形图案，而厚层液体中则会出现不规则图案，如图1-14(b)~图1-14(c)所示[83]。

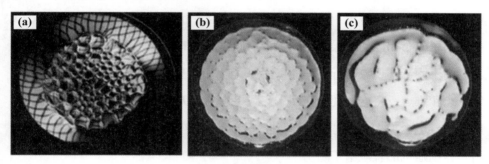

图1-14 离子风作用下低导电液体薄膜微结构

(a) 蓖麻油的"玫瑰花"图案[82]；(b) 薄层向日葵油的规则六边形图案；(c) 厚层向日葵油的不规则图案[83]

2017年，武汉大学郑怀研究团队利用离子风作用于硅胶产生随机分布的微透镜颗粒阵列，应用于 COB 封装模块，定性定量分析了极间距、电压、电流等参数对微透镜颗粒形状和尺寸的影响，并且研究其对 LED 取光效率的影响，如图1-15所示[84]。实验结果表明，离子风法产生的随机微透镜颗粒阵列使 LED 的取光效率提高了9%。

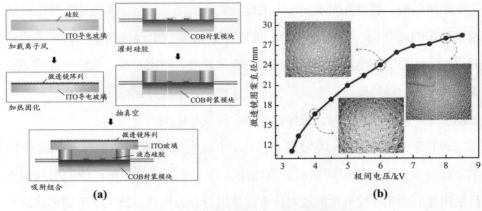

图1-15　离子风作用于硅胶产生微透镜阵列

(a) 微透镜阵列 COB 封装工艺示意图；(b) 电压对微透镜随机图形直径的影响 [84]

离子风驱动低导电液体可控运动的研究才刚刚起步，上面所述离子风作用于液体表面所形成的图案全部都是随机的，对这种随机图案实现可控研究是关键。本书通过制作导电 / 绝缘图形化基板的自下而上控制技术，通过对离子风中的离子分布和运动的操控实现聚合物液体形貌的可控。对离子风作用下，聚合物的不同运动现象进行机理性探索，并且对各工艺参数进行定量研究是本书的重点和难点。将这些现象应用于实践是本书的关键，本书试图利用离子风作用下的导电 / 绝缘图形化基板，调控离散聚合物液滴、制备聚合物微结构并且将聚合物随机形貌应用于防伪。

1.4　研究内容及技术路线

本书的研究内容及研究技术路线如图1-16所示。

（1）离子风作用下液态聚合物在导电 / 绝缘图形化基板上做定向运动

在理论分析离子风驱动液态聚合物做定向运动的基础上，实验研究了离子风作用下，介电液体与非介电液体在同质导电和绝缘基板上的流动行为，以及离子风驱动介电液体的实验条件等。然后根据介电液体在导电和绝缘基板上的不同运动特性，将两种基板结合，在导电基板表面设计了绝缘图形，然后将导电基板与高压直流电源的负极相连，研究离子风驱动介电液体做定向汇聚和铺展运动，即介电液体从绝缘区域朝导电区域做定向汇聚运动，且在条形导电区域内呈波动性铺展运动。另外定量研究了针尖电极电压对介电液体汇聚和铺展运动的速度影响规律，并通过 COMSOL 仿真探究了其中的机理。

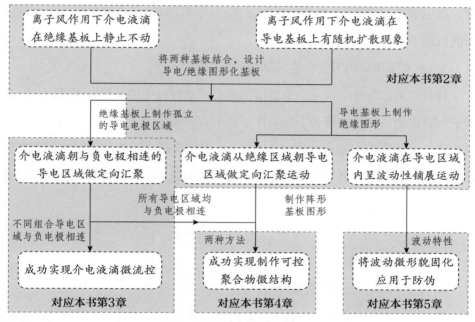

图1-16　研究技术路线图

（2）离子风驱动下介电液滴的微流控技术

　　基于离子风驱动下介电液滴朝与高压电源负极相连的导电电极区域定向汇聚的特性，研究了多个介电液滴之间聚散、迁移等行为的液滴微调控方法。通过 COMSOL 仿真探索介电液滴运动的机理，并且进行实验分析了介电液滴在相邻电极间迁移的运动速度和稳态时间变化规律特性，探究了介电液滴在多个不同电极通断状态下的控制方案以及运动特性。在此基础上，以油水分离为实验用例，研究了离子风作用下油水分离的方法以及特性。

（3）离子风调控液态聚合物薄膜形成可控微图形

基于离子风驱动下介电液体定向汇聚运动特性，研究了离子风调控液态聚合物薄膜制作图案化微结构的方法。利用介电液体朝导电区域做定向流动的现象，制备了多种聚合物微图形，包括尺寸不同的圆形和方形的凹凸阵列、英文字母和数字等，并详细分析了所制备的凹凸两种聚合物阵列三维形貌及其粗糙度。最后通过 COMSOL 仿真，探讨了离子风调控液体聚合物薄膜成可控微图形的机理。

（4）离子风作用下聚合物波动微形貌的防伪应用

将介电液体在导电区域内呈波浪形铺展运动过程中的波纹微形貌固化，应用于形貌防伪。在石墨签名上面制作了微形貌实现了签名防伪与形貌防伪的双重防伪。利用指纹识别算法通过 MATLAB 程序实现对所选取的圆形局部微特征信息进行分析。开展实验研究了这种局部微形貌的工艺参数，包括膜厚、针电极电压、旋涂速度等。

1.5　全书安排

本书共分6章，具体安排如下：

第1章为绪论，阐述了本书的研究背景与意义，重点介绍了液态聚合物的重要应用和各种不同调控手段，以及电驱动聚合物在国内外研究现状及发展方向。

第2章详细地介绍了离子风驱动液态聚合物定向运动的原理与现象。主要包括：① 离子风驱动液态聚合物的理论建模分析、参数探讨以及 COMSOL 仿真研究；② 在图形化基板上，离子风驱动介电液体做定向汇聚和铺展原理，以及相关实验条件。

第3章介绍了离子风对离散介电液滴的操控，并通过实验验证了介电液体的几种不同的可控流动行为，如聚合、移动、分离与合并。分析了液态硅胶从一个电极迁移到另一个相邻电极的运动规律。最后以油水分离实验为例，介绍了基于离子风微流控技术的一种应用前景。

第4章将离子风应用于调控液态聚合物薄膜形成可控聚合物微图形，介绍成型原理，通过实验制备聚合物微图形包括微凸点阵列和微凹点阵列，并进行详细的分析与讨论，最后通过 COMSOL 仿真对聚合物成型原理进行探索。

第5章介绍了离子风作用下的双重防伪技术原理，然后开展实验在石墨签名上制作微形貌，分析微形貌的相关防伪参数。

第6章对本研究进行总结与展望。

第2章 离子风驱动液态聚合物
定向运动研究

2.1 引 言

液态聚合物在固体表面的可控流动在生物学、化学、光学器件、电子技术、芯片制造、微纳米技术等众多领域有着非常重要的意义[85-87]。由于传统的聚合物微流控方法，如液滴喷墨、压印、热成型等[88-91]，存在工艺成本高、工序复杂、对设备精密性要求高、加工材料针对性强等特点，在实际应用中存在一定的局限性。因此寻找新型、便捷的聚合物微流控方法有着非常迫切的应用需求。电流体动力学技术[69]由于其独特优势，在微纳制造领域得到了广泛应用。

对液态聚合物结构来说，其表面的扩散机制包括维持最小总自由能的对称扩散和外力驱动的非对称扩散。但由于液态聚合物在固体表面通常具有较低的表面张力和极小的接触角，在控制液体选择性铺展方面具有很大的挑战[92]。为此，本书提出了一种基于离子风驱动的液态聚合物控制方法，通过采用或消除非均匀空间电场诱导介电液体表面应力，以控制其非对称流动。

本章首先从理论上探讨了离子风驱动液态聚合物的基本规律，并分析了离子风作用下介电液体的运动特性；同时，利用 COMSOL Multiphysis 平台的静电模块对基板的电场分布、电流密度与离子浓度的分布进行模拟，更加直观地解释离子风驱动原理。然后，根据同质绝缘基板和导电基板上介电液体不同的运动现象，设计了导电/绝缘图形化基板，实现对介电液体的定向运动控制。通过制作不同非导电图案的导电基板对液体的定向汇聚和定向铺展的运动规律进行研究，并且对驱动电压与介电液体移动速度和移动距离的对应关系进行分析。

2.2 离子风驱动下液态聚合物的运动特性研究

本节利用针尖电极高压放电原理设计了用于驱动液态聚合物的离子风装置，并分别在绝缘基板和导电基板上分析了不同介电属性的液体运行现象，为后续对介电液体的控制方案及应用研究打下基础。

2.2.1 离子风产生原理及实验装置介绍

离子风产生方式有多种，例如针-栅、针-环、针-板等，图2-1为针-板式结构的离子风产生原理示意图。针尖施加电压后，其尖端附件将产生局部电场。当施加的电压超过一定范围，产生的电场强度增加并超过空气中气体的电离场强后，针尖周围气体发生电离现象（也称电晕现象：当电场强度较大时，空气中的氧气分子和氮气分子的核外电子和正离子将分离）。发生电离现象的区域称之为电离区，电离区中电子与正离子在库仑力的作用下沿着电场线运动，电子朝针尖方向运动，正离子朝基板方向加速运动。正离子在朝基板加速运动的同时，与周围空气中的中性分子不断碰撞并发生动量和能量交换，使得大量静止的中性分子加速朝基板运动，产生"雪崩"效应，最终形成离子风。而正离子带动分子运动的区域称为漂移区。

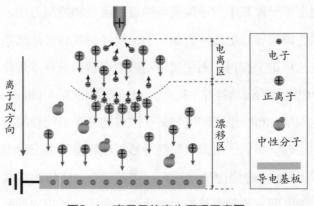

图2-1　离子风的产生原理示意图

第2章　离子风驱动液态聚合物定向运动研究

图2-2是离子风驱动液体运动的实验装置示意图。采用针尖 - 基板电极结构产生离子风[93-95]，高压直流电源 [DW-P303-5ACCC，东文高压电源（天津）股份有限公司，中国] 的正负极分别连接到针电极和基板电极上，其电压可以连续从0 kV 调节到30.0 kV，后续实验所提及的离子风均是此配置产生。本小节实验所采用的针电极尖的曲率半径约为30 μm，针尖与基板上表面之间的距离由微移动台架进行调节，在本小节实验中均保持20 mm。基板与负电极相连并且支撑着被操纵的液滴，为了进行实验对比，将采用同质绝缘基板和同质导电基板两种基板进行实验。其中，绝缘基板采用厚度为2 mm 的环氧板，导电基板采用厚度为0.5 mm 的铜板。通过高速摄像机（C13440，滨松集团，日本）和工业透镜实时观察记录液体的流动过程，并可以实现对流动过程的定量分析，后面章节所提到的高速摄像机均是此型号。测量电路中的电流时，在基板电极和高压直流电源的负极中间，接入量程为2 nA~2 mA 的数字直流检流计（AD5/1~7，上海东茂电子科技有限公司，中国）进行测量。

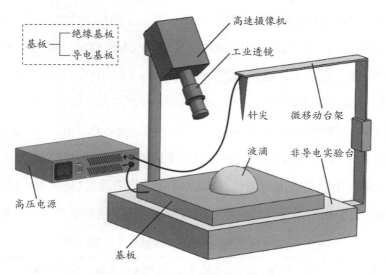

图2-2　实验装置示意图

实验过程如下：首先采用微升注射器将一滴体积约为10 μL 的液滴沉积在基板上，如图2-2所示。然后将高压直流电源调节到10.0 kV 后接通产生离子风，同时通过高速摄像机观察并记录液体的流动情况，当液体运动完全稳定后，断开高压直流电源。

介电液体是液态介电材料，又称电介质液体，苯、油和一些有机溶剂等聚合物被广泛应用为介电液体[96-97]。介电材料是一种电绝缘体，通过施加电场可以被极化，是具有高极化率的材料，这种高极化率可由相对介电常数来表示，介电材料具有电阻率大和介电常数高的特点[98-99]。当介电材料放置在电场中时，电荷不会流过材料，只是将介电材料内部的电荷从它们的平衡位置略微移动，正电荷沿电场方向移动，负电荷沿电场的反方向移动。因此放置在正电晕放电产生的离子风下面的介电液体内部表面具有负极性，使得介电液体具有吸附离子的作用。离子在电场作用下的运动会带动介电液体运动[100]。

实验中的介电液体分别采用硅胶，硅油，PDMS，甲苯（表2-1）；非介电液体分别采用去离子水，酒精，NaCl溶液。其中硅胶（OE-6650，道康宁公司，美国）的黏度、电导率、表面张力分别为4.0 Pa·s，10^{-8} μS/cm 和0.021 N/m。硅油（PMX-200二甲基硅油，道康宁公司，美国）的黏度、电导率、表面张力分别为0.65 Pa·s，10^{-8} μS/cm 和0.019 7 N/m。PDMS（DC-184，道康宁公司，美国）的黏度、电导率、表面张力分别为3.5 Pa·s，10^{-10} μS/cm 和0.020 N/m。甲苯的相对密度为0.87（水=1），蒸气的相对密度为3.14（空气=1），熔点为−94.4℃，电导率为$7.6×10^{-12}$ μS/cm，黏度为0.586 6 Pa·s。非介电液体中的去离子水采用绝缘染色剂进行染色，将其染成黑色，方便实验过程中的跟踪观察。酒精采用市面上的医用酒精。NaCl溶液是将质量为2 g 的 NaCl 固体溶于50 mL 的去离子水所得到。后续章节所采用的液体均是此处所介绍的液体。

表2-1　实验所选用的介电液体参数表（室温25℃）

材料	硅胶（OE-6650）	PDMS（DC-184）	硅油（PMX-200）	甲苯
表面张力 /（N/m）	0.021	0.020	0.019 7	0.028 8
电导率 /（μS/cm）	10^{-8}	10^{-10}	10^{-8}	$7.6×10^{-12}$
黏度 /（Pa·s）	4.0	3.5	0.65	0.586 6

离子风驱动液体运动的实验操作平台实物图如图2-3所示。针尖和基板分别接到高压直流电源的正负极产生离子风，驱动基板上的液体运动。利用微移动台架对针尖位置进行微调。液体的流动过程由高速摄像机和工业透镜实时观察并记录，然后传输到电脑上进行分析。

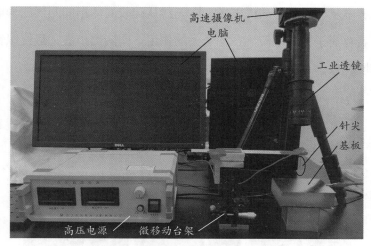

图2-3　实验操作平台实物图

2.2.2　离子风驱动机理与聚合物运行规律研究

2.2.2.1　离子风驱动液滴运动基本规律

为了研究基于离子风的微流控技术，首先选用不同材质的液体分别在绝缘基板和导电基板上进行了对比分析实验。实验结果如图2-4和图2-5所示，其中，图2-4(a)和图2-5(a)为实验场景示意图，非介电液滴选用去离子水、NaCl溶液和酒精，介电液滴选用硅胶、PDMS和硅油等。从图中可知，在绝缘基板上，无论是介电液体还是非介电液体都无法被离子风驱动；而在导电极板上，介电液体将朝四周铺展，非介电液体无相应的铺展现象。实验结果说明：离子风能且只能驱动介电液体，并且介电液体的承载平台需为导电材质。其根本原因是高压针尖放电需要借助连接至其负极的导电基板形成导电回路，才能产生离子风。同时，当液滴为介电液体时，由于介电液体中存在可自由移动的电荷，针尖所产生的离子沉积在介电液滴和铜基板表面，离子从针尖处快速朝下运动，当运动到介电液滴上时，具有朝下面导电区域运动的趋势，故硅胶和PDMS表面会形成微透镜颗粒阵列，仍有部分离子会附着在介电液体表面。当离子沉积在硅胶区域外的基板上时，可迅速向四周扩散运动到负极，介电液滴上附着的离子与导电基板之间形成内电场，电场线从硅胶液体指向四周的导电区域方向，故附着有离子的介电液滴在库仑力的作用下向四周扩散，最终以针尖为中心形成铺展现象。

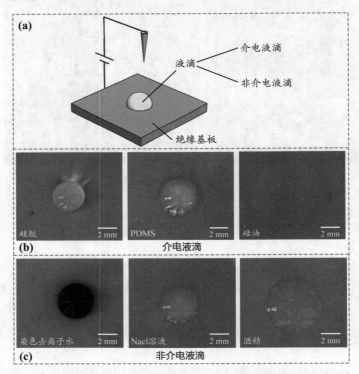

图2-4　在离子风的作用下绝缘基板上的各种液体都没有流动现象

(a) 实验装置示意图；(b) 介电液滴；(c) 非介电液滴

进一步研究发现，当离子风驱动作用撤销后，介电液体将形成一定的图案。而不同介电材质对最后形貌的形成起着决定性作用：硅胶和PDMS由于其高黏度的特性，在铺展过程中，形成微透镜颗粒，去掉离子风以后，透镜颗粒形貌慢慢消失，表面变光滑。甲苯由于其自身的低黏度和与基板的强亲和力特性，运动速度快且挥发性极强，所以在离子风驱动其运动过程中，没有形成规则的圆形。

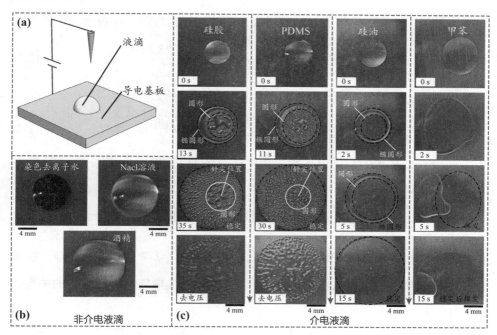

图2-5　在离子风的作用下导电基板上液滴的运动现象

(a) 实验装置示意图；(b) 非介电液滴没有运动现象；(c) 介电液滴铺展

2.2.2.2　离子风驱动液滴运动机理分析

为了深入分析离子风驱动液滴运动的机理，建立了离子风模型，探讨影响离子风驱动的相关因素。在电离区，根据 Peek's Law（皮克定律）[101-102]，针尖处电晕场强可表示为：

$$E_w = E_0 m\delta\left[1 + \frac{K}{\sqrt{\delta r_w}}\right] \tag{2-1}$$

式中，E_0 表示在标准大气压下，针尖电压 V_0 放电距离为 1 cm 时的火花场强，即 $E_0 = 10^2\,V_0$；m 为针尖表面粗糙度，这里可设为 1；δ 为空气相对密度，其大小与大气压和温度有关，$\delta = f(p, T)$（p、T 分别表大气压和温度），在标准大气压下，且温度 $T = 25$ ℃时，$\delta = 1$；K 表示与粗糙度 m 有关的常数；r_w 表示针尖半径。设在标准大气压下，空气击穿场强为 E_a，结合 Kaptsov 假设[103-104]，针尖的电晕范围（离针尖最远处可被场强击穿的空气的位置）可表示为：

$$R \leqslant \frac{E_0}{E_a} m\delta \left[1 + \frac{K}{\sqrt{\delta r_0}} \right] = \frac{10^2 V_0}{E_a} \left[1 + \frac{K}{\sqrt{r_w}} \right] \tag{2-2}$$

而击穿边缘处的电压可通过电晕范围内场强积分算得：

$$V_b = V_0 - \int_{r_w}^{R} E_w \frac{r_w}{r} dr = V_0 - E_w r_w \ln \frac{R}{r_w} \tag{2-3}$$

假设介电液体的开启电压和击穿电压分别为 V_{on} 和 V_{bk}，则针尖电压 V_0 必须满足关系式：

$$V_{on} + E_w r_w \ln \frac{R}{r_w} \leqslant V_0 \leqslant V_{bk} + E_w r_w \ln \frac{R}{r_w} \tag{2-4}$$

基板电极距离针尖的位置，即极间距 L 需满足：$L \geqslant R$。实验测得，在本章所示实验装置中，介电液体开始运动和击穿的针尖电压与极间距 L 的关系如表2-2所示。

表2-2　极间距与开启电压和击穿电压的对应关系

极间距 L /mm	10	15	20	25
开启电压 /kV	2.9	3.6	4.0	4.3
击穿电压 /kV	8.6	10.6	11.5	13.4

因此，一方面要求介电液体的安放位置与针尖的距离大于针尖电晕范围 R，即放置在漂移区；另一方面需要保证针尖电压处于表2-2所示范围内。而在漂移区，介电液体的移动现象是由液体上所吸附的离子做定向运动而引发的，所以还需要进一步讨论漂移区电荷运动机理。

一般情况下，漂移区电流主要受电荷本身的自由运动（扩散）与定向运动（传导）、空气流场速度（对流）三个因素影响[104]，因此电流密度可定义为：

$$\vec{J} = \mu_E q E_w + q V_b - \alpha \nabla q \tag{2-5}$$

式中，$\vec{J}$ 表示电流密度；μ_E 表示离子迁移率（常数）；q 表示电荷密度；α 为离子自由扩散系数；∇ 为微分运算符。由于在漂移区的电离现象非常弱，可忽略不计，即 $\partial q/\partial t \approx 0$，结合电荷守恒方程 $\partial q/\partial t + \nabla \cdot \vec{J} = 0$，式 (2-5) 可转化为：

$$\nabla \cdot \left(\mu_E q E_w - \alpha \nabla q \right) = 0 \tag{2-6}$$

另一方面，空间电荷与电势分布，可用泊松方程表示：

$$\nabla^2 E_w = -\frac{q}{\varepsilon} \tag{2-7}$$

因此可以得到如下方程：

$$\nabla q \nabla E_w = \frac{q^2}{\varepsilon} \tag{2-8}$$

由于运算符 ∇ 是与空间坐标系 (x, y, z) 有关的微分算子，在这里可以仅考虑垂直分量 z，因而有

$$\nabla q = \frac{\partial q}{\partial z} \vec{e}, \quad \nabla E_w = \frac{\partial E_w}{\partial z} \vec{e} \tag{2-9}$$

其中偏导数 $\partial/\partial z$ 与针尖到介电液体的距离有关，当距离固定时可近似为一常数：$\partial/\partial z \approx q/\varepsilon$，因此漂移区电荷密度与针尖电压的关系可表示为：

$$q \approx \varepsilon \frac{E_w}{L^2} = \varepsilon \frac{10^2 V_0}{L^2} \tag{2-10}$$

根据 Korteweg-Helmholtz 理论 [105-106]，漂移区的介电液体受到的电场作用力和电场强度满足如下关系：

$$F_d = q E_w - \frac{1}{2} E_w{}^2 \nabla \varepsilon + \nabla \left(\frac{1}{2} \rho \frac{\partial \varepsilon}{\partial \rho} E_w{}^2 \right) \tag{2-11}$$

式中，ε 为介电常数，可以看出，介电液体介电常数越大，所受的电场作用力越小；ρ 与介电液体材质相关，介电液体黏度越大，ρ 越大，所受的电场作用力越大。电场强度越高，介电液体所受电场力越大，因此电压越高，电场对介电液体的作用力越大。

综上所述，离子风驱动介电液体运动主要由针尖电压、极间距以及介电液

体的材料三个因素决定。在一定范围内，驱动电压越大，极间距越小，被驱动液体所受作用力越大，液体运动速度越快。

2.2.2.3 特征参数对离子风驱动液滴运动的影响

根据前面分析可知，极间距是影响介电液体运动的一个关键因素，不同的极间距下，离子风驱动介电液体运动具有不同的开启电压和击穿电压。当实验电压低于开启电压时，不会对液体产生作用；当实验电压大于击穿电压时，则会发生放电。因此实验过程中，极间距一般固定在20 mm，相对应的电压一般设置为5.0～11.0 kV。极间距对液体运动的影响主要表现在相同电压下，对电流的影响。如图2-6所示，为实验测得不同极间距下的电流 - 电压曲线，极间距分别设置为10 mm、15 mm、20 mm、25 mm。可以看出在相同极间距下，电流随着电压的增加而升高。在相同电压下，电流随着极间距的升高而降低，说明基板置于漂移区时，离针尖距离越远，离子落在基板上的电荷越少，所形成的电流就越小。电路中的电流为 μA 级别，电压为12.0 kV 时，电流最高为14.7 μA。

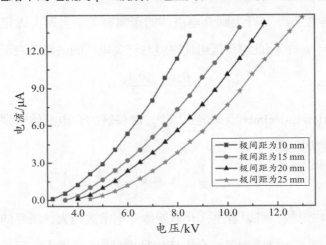

图2-6 不同极间距下的 *I-V* 关系曲线图

为了研究在离子风作用下，介电液体的导电性对其在导电基板上扩散运动的影响规律，利用具有不同导电性的 PDMS 进行了实验测试。其中，极间距为20 mm，基板水平放置。液体的导电性通过在介电液体 PDMS 中加入不同比例的 Ag 纳米线导电颗粒来进行调节，其中，Ag 纳米线的浓度分为低浓度、中浓度、高浓度三种，Ag 纳米线导电颗粒质量比分别为0.03%、0.15% 和0.30%。为了进行对比实验，还加有一组未加 Ag 纳米线导电颗粒的 PDMS。实验结果如图2-7所示。从图中可以看出在离子风作用下，未掺 Ag 纳米线、掺入低浓度 Ag 纳米线和掺入中浓度 Ag 纳米线的 PDMS 液滴均有扩散现象，扩散直径随着电压的增大而增大，扩散直径随着液体绝缘性变弱而减小，当电压为10.0 kV 且未掺 Ag 纳米线时，PDMS 扩散总直径达到最高，约为33.6 mm。当掺入高浓度的 Ag 纳米线时，液体不再有扩散现象，扩散直径全部为0.0 mm，可以得出，当介电液体加入的 Ag 纳米线浓度超过一定比例具有导电性时，液体则不再具有扩散现象。综上所述，液体的绝缘性能对离子风的驱动能力起着决定性的作用。

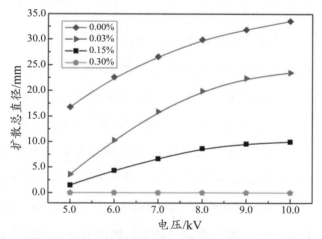

图2-7　导电基板上电压对具有不同导电性的 PDMS 液滴扩散总直径的影响

介电液体的导电性对其在导电基板上的扩散平均速度的影响规律如图2-8所示。在离子风作用下，未掺，掺入低浓度、中浓度 Ag 纳米线均有扩散现象，扩散平均速度随着电压的增大而增大，随着液体绝缘性变弱而减小，当电压为

10.0 kV 且未掺 Ag 纳米线时，PDMS 具有最高扩散平均速度，约为 1.68 mm/s。当掺入高浓度的 Ag 纳米线时，液体不再有扩散现象。综上所述，液体的绝缘性能对离子风驱动介电液体的运动速度起着决定性的作用。

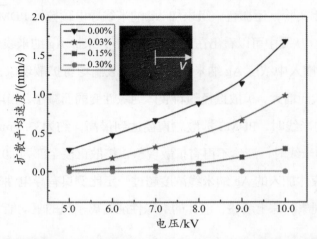

图2-8　导电基板上电压对具有不同导电性的 PDMS 液滴扩散平均速度的影响

2.2.2.4　基板材质对其运动影响的研究

为了分析只有基板的导电绝缘特性会影响介电液体的运动，而基板的其他性能没有影响，且基板材质具有普适性，本实验采用不同导电/绝缘材料基板进行离子风驱动对比实验，介电液体为 PDMS，实验结果如图2-9所示。图2-9（a）是在 ITO 导电玻璃上，利用光刻工艺制作绝缘光刻胶图形；图2-9（b）是在铜基板表面贴上绝缘胶带制作图形；而图2-9（c）是在绝缘胶带基底上表面贴导电铜胶带，导电铜胶带的厚度约为0.065 mm。从图2-9（a）可以看出，随着时间推移，介电液滴缓慢地从绝缘光刻胶区域向 ITO 导电玻璃区域运动，液滴运动过程中，表面呈现波纹状态。图2-9（b）显示，随着时间推移，介电液滴从绝缘胶带薄膜区域向铜板基底区域运动，汇聚过程所用时间较短，且运动过程中，液滴表面波纹状更平缓。从图2-9（c）可以看出，液体先从绝缘胶带基底向铜胶带薄膜区域运动，然后再沿铜胶带铺展，且铺展范围限定在铜胶带区域内。由此可以得出，PDMS 液滴能够从非导电区域全部汇聚到导电区域，且可以在导电区域范围内继续铺展，表面离子风能够驱动介电液体运动是由于基板的导电绝缘性作用的结果，与图形化基板所选用的材料无关。

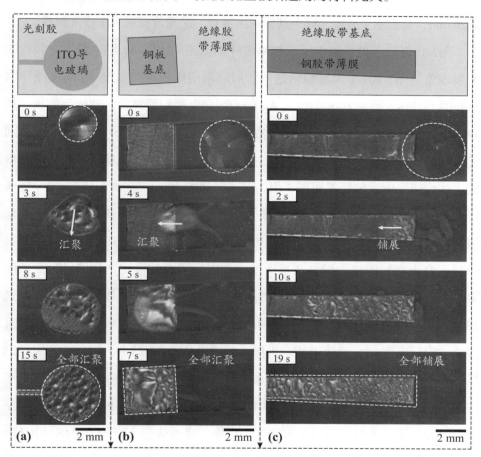

图2-9　在离子风的作用下不同材质的导电/绝缘图形化基板上液体的流动现象

(a) ITO 导电玻璃上制作绝缘光刻胶图形；(b) 铜板上面贴上绝缘胶带制作图形；(c) 绝缘胶带基底上面贴导电铜胶带

2.2.2.5　液滴导电性对其定向运动影响的分析

为了研究聚合物的导电性对其在离子风作用下的汇聚和铺展运动的影响规律，通过在介电液体 PDMS 中加入不同比例的 Ag 纳米线导电颗粒来调节其导电性。其中，Ag 纳米线的浓度分为低浓度、中浓度和高浓度三种，Ag 纳米线导电颗粒质量比分别为0.03%、0.15% 和0.30%；另外还加有一组未加 Ag 纳米线导电颗粒的 PDMS 进行对比实验。实验过程中，针尖电压为8.0 kV，极间距为20 mm，基板水平放置，导电基板采用铜板，绝缘薄膜采用干膜来制备。

图2-10显示了离子风作用下 PDMS 中加入不同比例 Ag 纳米线导电颗粒的汇聚现象。图2-10(a) 为基板示意图，液滴采用掺有不同浓度 Ag 纳米线导电颗粒的 PDMS，当 PDMS 中掺入 Ag 纳米线导电颗粒搅拌后，液体呈絮状，其颜色变暗，从图中可以看出各比例液滴亮度不同。图2-10(b)~ 图2-10(e) 分别是未加、加入低浓度、加入中浓度、加入高浓度 Ag 纳米线导电颗粒的 PDMS 的运动规律。由实验结果可以看出，在离子风作用下，未掺 Ag 纳米线、掺入低浓度 Ag 纳米线和中浓度 Ag 纳米线均有汇聚现象，掺入高浓度的 Ag 纳米线时，液体不再有汇聚现象。当介电液体未加或加入超低浓度 Ag 纳米线时，仍具有介电材料的电绝缘性，且通过施加电场可以被极化，液体具有汇聚现象。当介电液体加入的 Ag 纳米线浓度超过一定比例时，液体则不再具有汇聚现象。从图中可以看出当未掺 Ag 纳米线时，PDMS 全部汇聚到导电区域，且整个过程只需要4 s，速度很快。当掺入低浓度 Ag 纳米线时，PDMS 汇聚稳定后，导电区域外仍有小颗粒 PDMS 未汇聚，且整个过程需要15 s，其速度低于未加 Ag 纳米线时的速度。当加入中浓度的 Ag 纳米线时，PDMS 晃动50 s 左右后，缓慢地从非导电区域汇聚到导电区域，仍有大量小颗粒 PDMS 未汇聚，汇聚完成后有部分液体从导电区域溢出。综上所述，液体导电性对其汇聚作用有着重要影响。

根据 PDMS 完全汇聚稳定所用的时间，计算出 PDMS 完全汇聚的平均速度，其中，L 为导电圆形的直径，为5 mm。测试 Ag 纳米线质量比分别为0.00%、0.03%、0.15% 和0.30% 时，不同电压下 PDMS 液体的汇聚平均速度，结果如图2-11所示。从图中可以看出，完全汇聚速度随着电压的升高而增大，随着

Ag 纳米线浓度的升高而降低，当电压为10.0 kV 时，未加 Ag 纳米线时，汇聚速度最高，大约是3.4 mm/s。当加入 Ag 纳米线浓度大于一定比例时，未有汇聚现象，液滴停留在原处不动。

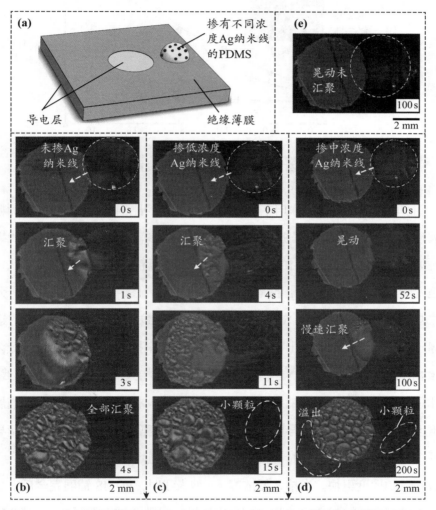

图2-10 离子风作用下 PDMS 中加入不同比例 Ag 纳米线导电颗粒的汇聚现象

(a) 基板示意图；(b) 未加；(c) 低浓度；(d) 中浓度；(e) 高浓度

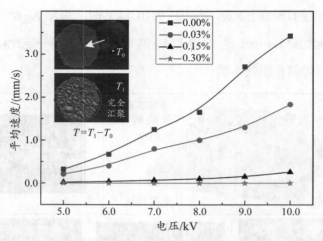

图2-11　电压对具有不同导电性的 PDMS 液滴汇聚平均速度的影响

　　图2-12显示了离子风作用下 PDMS 中加入不同比例 Ag 纳米线导电颗粒的铺展现象。图2-12(a) 为基板示意图，液滴采用掺有不同浓度 Ag 纳米线导电颗粒的 PDMS，当 PDMS 中掺入 Ag 纳米线导电颗粒搅拌后，液体呈絮状，其颜色变暗，从图中可以看出各比例液滴亮度不同。图2-12(b)～图2-12(e) 分别是未加，加入低浓度、中浓度和高浓度 Ag 纳米线导电颗粒的 PDMS 的运动规律。由实验结果可以看出，在离子风作用下，未掺 Ag 纳米线、掺入低浓度 Ag 纳米线和中浓度 Ag 纳米线均有铺展现象，而掺入高浓度的 Ag 纳米线时，液体只在原地晃动不再有铺展现象。当未掺 Ag 纳米线时，PDMS 全部铺展到导电区域，且铺展满整个导电区域只需要10 s，速度很快，这是由于液滴导电性低，介电性高，离子会附着在液滴表面，受到电场和离子风作用力更大，使得液滴运动速度更快。当掺入低浓度 Ag 纳米线时，PDMS 铺展完全后，导电区域外仍有小颗粒 PDMS 未运动到导电区域，且整个过程需要46 s，其速度远远低于未加 Ag 纳米线时的速度。当加入中浓度的 Ag 纳米线时，PDMS 晃动30 s 左右后，才缓慢地在导电区域内铺展，铺展完全后仍有大量小颗粒 PDMS 未运动到导电区域。掺入 Ag 纳米线后，液滴导电性增加，离子吸附到液滴表

面后，部分电荷会运动到基板上而淹没，Ag 纳米线浓度越高，液滴导电性越好，电荷淹没概率越多，使得液滴受电场和离子风作用更小，从而导致液滴铺展速度更慢。可以发现液体导电性对其铺展速度有着重要影响，液体导电性越差，离子风驱动下液滴运动速度越高。

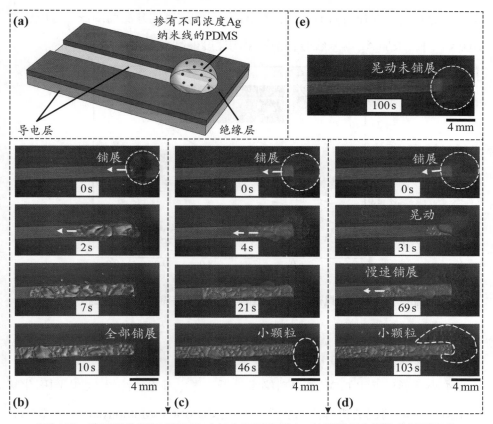

图2-12 离子风作用下 PDMS 中加入不同比例 Ag 纳米线导电颗粒的铺展现象

(a) 基板示意图；(b) 未加；(c) 低浓度；(d) 中浓度；(e) 高浓度

为定量研究液体导电性对铺展速度的影响，统计了离子风作用下不同导电性液体在导电区域内的铺展速度，如图2-13所示。Ag 纳米线其质量比为 0.00%、0.03%、0.15% 和0.30%。根据 PDMS 完全铺展所用的时间，计算出 PDMS 铺展的平均速度，其中，L 为20 mm。当介电液体 PDMS 中未加 Ag 纳米线，其速度比加入 Ag 纳米线的速度快，最高速度可达到4.2 mm/s。当介电液体 PDMS 中加入低浓度 Ag 纳米线时，其速度比加入中浓度 Ag 纳米线的速度快。当介电液体 PDMS 中加入 Ag 纳米线的浓度超过一定比例时，液体不再具有铺展运动现象，其运动速度为0.0 mm/s。另外在一定范围时，液体铺展平均速度随着电压的升高而增大，随着 Ag 纳米线浓度的升高而降低，当电压为10.0 kV 时，未加 Ag 纳米线时，铺展平均速度最高，大约是4.2 mm/s。

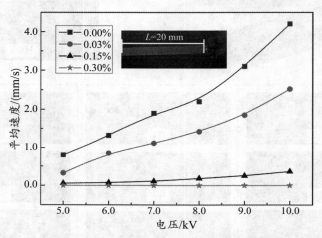

图2-13 电压对具有不同导电性的 PDMS 液滴铺展平均速度的影响

2.2.3 COMSOL 仿真分析

本小节通过 COMSOL 仿真对绝缘基板、导电基板和绝缘 / 导电图形化基板上液体运动情况的机理进行探索。使用 COMSOL Multiphysics（版本5.3a，COMSOL 集团，瑞典）的静电模块模拟离子风作用下，基板的电场分布、电流密度与离子浓度的分布，相关边界条件与实验相对应。针电极与基板电极分别设置为高电压（V_H）与地直接（GND），离子从针尖发射到基板，计算区域包括空气、基板两个区域。导电基板设置为铜基板，绝缘基板设置为环氧板，图形化基板设置为铜板表面制作干膜图形。由于当网格数大于15 000时，导电区域相同点的电势变化较小（网格数从15 068变到19 804，电势变化小于

2.1%），故本书的模型均采用15 068网格结构来进行仿真模拟。模型中使用的主要参数如表2-3所示。

表2-3 主要参数设置

参数	符号	绝缘／导电基板		图形化基板	
		数值	单位	数值	单位
高电压值	V_H	10 000	V	10 000	V
基板与针电极距离	L	20	mm	20	mm
整个基板宽度	W	50	mm	50	mm
中间导电区域宽度	W_1	—	—	10	mm
绝缘薄膜宽度	W_2	—	—	20	mm
基板高度	H_1	1	mm	1	mm
绝缘基板电导率	σ_1	0	S/m	0	S/m
绝缘基板相对介电常数	ε_1	5.4	—	—	—
导电基板高度	H_2	1	mm	1	mm
导电基板电导率	σ_2	5.998×10^7	S/m	5.998×10^7	S/m
导电基板相对介电常数	ε_2	1	—	1	—
绝缘薄膜相对介电常数	ε_3	—	—	3.1	—

2.2.3.1 COMSOL 仿真电场方程

固体基板表面电流密度的大小主要来自两个方面，一个是基板内部电荷在电场下的定向运动，另外一个是空间电荷运动产生的电流密度，计算方程如下：

$$J = \sigma E + J_e \tag{2-12}$$

式中，σ 是电导率，S/m；J_e 是空间电荷朝基板流动产生的电流密度，A/m^2。

每个点的电势由泊松方程得到：

$$\nabla^2 V = -\frac{\rho}{\varepsilon_0} \tag{2-13}$$

式中，V 是电势，V；ε_0 代表空气介电常数，ρ 是空间电荷密度。

在静态条件下，电场可表示为电势梯度：

$$E = -\nabla V \qquad (2\text{-}14)$$

式中，E 是电场，V；V 是电势，V。

连续性静态方程可以表示为：

$$\nabla \cdot J = -\nabla \cdot (\sigma \nabla V - J_e) = 0 \qquad (2\text{-}15)$$

本构关系为相对介电常数：

$$D = \varepsilon_0 \varepsilon_r E \qquad (2\text{-}16)$$

式中，D 表示电位移；ε_0 代表真空介电常数；ε_r 为材料介电常数；E 为电场强度。

2.2.3.2 仿真结果

图2-14和图2-15分别表示，在10 000 V针尖电压下，绝缘基板上的电场强度分布和离子浓度分布情况。其中，图2-14是电场强度分布情况，图中曲线表示电势等值线，带箭头的线是电场线，箭头方向为电场方向。实验结果表明，由于绝缘基板的隔离作用，针尖电极与电源负极（0 V）之间无法形成回路，在针尖周围，等势线以针尖为中心，呈环状散开，并且随着空间位置距针尖的距离增加而降低。在垂直方向上，基板电势最低，但是针尖附近电势减弱的并不多，如7 750 V 等势线最低端距离绝缘表面只有6 mm。下降到基板表面时，仍有几千伏的电势，电势在绝缘基板内部梯度变化相对较大。由于计算区域内部充满了空气，所以在绝缘基板的左右两边电势最低，等势线呈环状散开。与电场电势分布类似，针尖附近的离子浓度最高，随着空间距离针尖越远，离子浓度越低，基板区域的离子浓度最低。但是在针尖正下方的基板中间区域，针尖附近与距针尖垂直距离最远的基板表面的离子浓度相差不是很大，由于基板绝缘，阻止了其表面离子运动，故没有电荷运动的通路，也没有电流存在。因此，绝缘基板上任何液体都不会被离子驱动而进行流动。

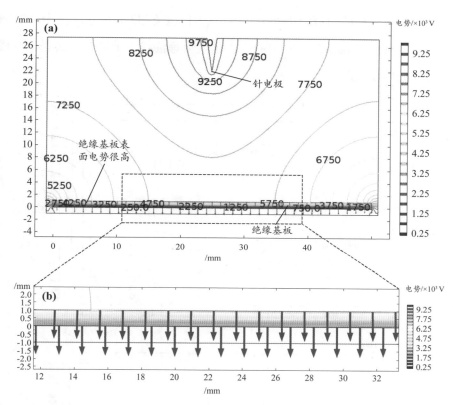

图2-14　绝缘基板的电场分布

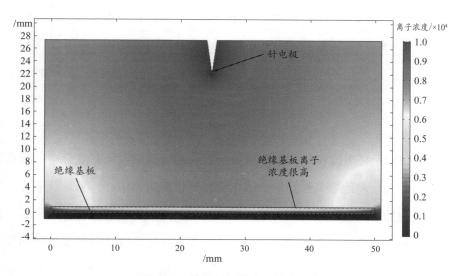

图2-15　绝缘基板的离子浓度分布

采用导电基板的仿真结果如图2-16、图2-17以及图2-18所示。其中，图2-16所示是电场强度分布情况，图中曲线表示电势等值线，带箭头的线是电场线，箭头方向为电场方向。

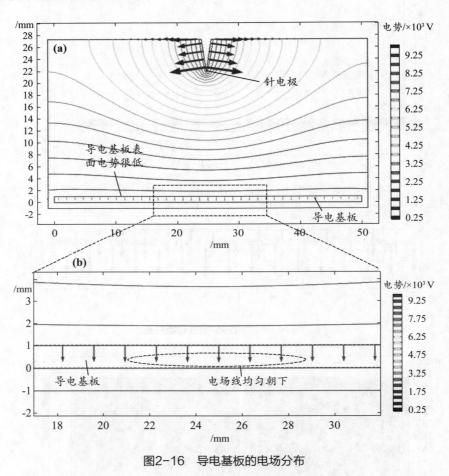

图2-16 导电基板的电场分布

图2-17所示是电流密度分布情况，带箭头的线是指电流密度分布，箭头方向为电流方向。与绝缘基板类似，等电势仍然以针尖为中心，呈环状散开。但空气中的电势随着空间位置距针尖的距离增加而降低，直至基板上为最低，在等势线降到距基板表面8 mm及以下，等势线基本变成与导电基板平行的水平线。在等势线接近导电基板时，呈现极低电势的水平线。从图2-16(b)中可以

看出，电场是从导电基板表面指向地，图中展示的电场线大小相同，分布均匀，由于电场线和线上箭头的大小可以表示电场强度的大小，故可以理解为整个导电基板表面的电场强度大小相同且分布均匀。可知电场线朝下，具有驱动附着了导电离子的介电液体朝下运动的作用力，但是基板阻止了其运动，故介电液体呈现波动性运动。由于导电基板使得针尖产生的电流能形成回路，电流密度分布如图2-17所示。

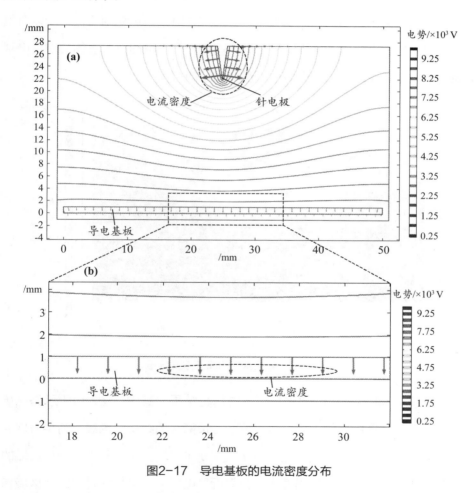

图2-17　导电基板的电流密度分布

模拟结果表明，电流从针尖处流出穿过导电基板表面后流动到地，基板表面电流大小是均匀分布的，方向都朝负极。即电荷是均匀铺满离子风作用的整个区朝下运动的，故可以驱动介电流体在导电基板表面进行扩散。当液体为导电液体时，离子在液体内部穿过运动到基板上，液体呈中性不带电，故无运动现象。

图2-18表示离子浓度分布情况，图中颜色深浅表示离子浓度梯度变化。与绝缘基板上分布不同，针尖附近的离子浓度最高，但随着空间距离针尖越远，离子浓度越低，基板区域的离子浓度最低，基板表面向上2 mm 离子浓度几乎全为零。因为离子运动到导电基板时，会通过导电基板运动到负极，所以有电流从导电基板表面运动到负极。故在导电基板上，带电的介电液体会与导电基板表面形成电势差，驱动介电液体朝没有离子的表面扩散。

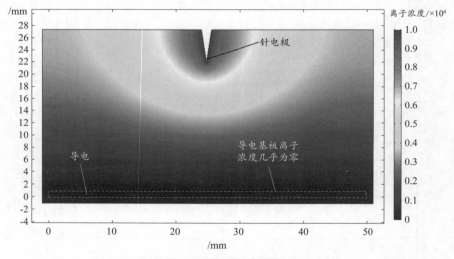

图2-18　导电基板的离子浓度分布

图2-19～图2-21表示图形化基板下的仿真结果。其中，图2-19所示是电场强度分布情况，图中曲线表示电势等值线，带箭头的线是电场线，箭头方向为电场方向。可以看出基板图形化导电区域改变了电场分布，其中，绝缘区域的电场强度比导电区域的电场强度大，在靠近导电区域，电场线是由绝缘区域指向导电区域。因此具有驱动附着有离子的介电液体向导电区域流动的作用力。绝缘薄膜指向导电区域的电场强度可以通过针电极的电压大小来调节，即驱动

介电液体流动的力可以通过电场强度来调节，故可以说明针电极电压越高，介电液体运动的速度越快。当液体为导电液体时，离子在液体内部穿过运动到基板上，液体呈中性不带电状态，故不会运动。

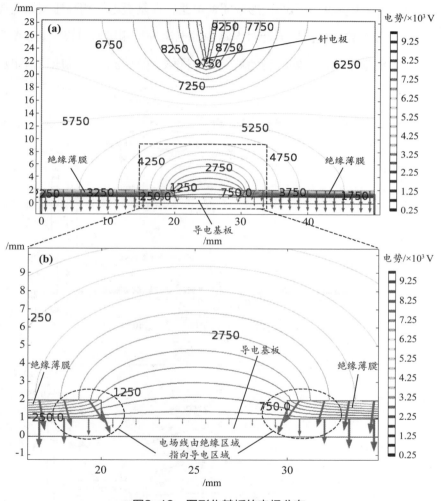

图2-19 图形化基板的电场分布

图2-20所示是电流密度分布情况，带箭头的线是指电流密度分布，箭头方向为电流方向。图中表明只有针尖和导电区域有电流通过，可知电流从针尖流动到导电基板然后流动到地。从图中可以看出，绝缘区域表面具有朝导电区域

流动的电流，因此，图形化基板上，带电的介电液体被离子驱动朝导电区域流动。介电液体所形成的图案可以通过导电区域的形状设计来调节。从图2-20中可以看出基板图形化可以改变电流的流向，在实验过程中，将针尖和基板分别连接到高压直流电源的正负两极形成闭合电路，在基板电极和高压直流电源的负极中间，接入数字直流检流计对电路中的电流进行测量。电路中有 μA 级别的电流，电流就是从针尖处流动到基板导电区域，然后流动到高压直流电压源的负极。

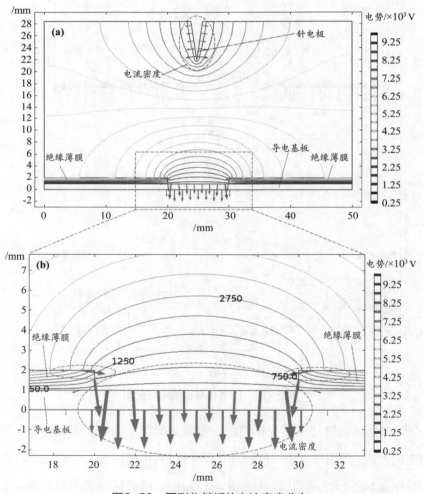

图2-20 图形化基板的电流密度分布

图2-21是离子风作用下图形化基板表面的离子浓度分布仿真结果图，图中颜色深浅表示离子浓度梯度变化。随着空间距离针尖越远，离子浓度越低，基板导电区域的离子浓度最低，近基板2 mm 高度的导电区域，离子浓度几乎为0。绝缘区域相对于导电区域具有较高的离子浓度，绝缘区域阻止了其表面离子向基板扩散，故绝缘区域没有电流通过。从中可以看出基板图形化可以改变离子的运动方向，故图形化基板上，带电的介电液体被离子驱动朝导电区域流动，所形成的图案可以通过对导电区域的形状设计来调节。

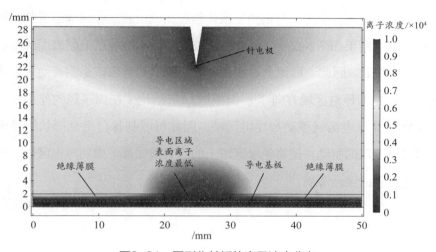

图2-21　图形化基板的离子浓度分布

2.3　离子风驱动下介电液体定向汇聚研究

本节以液态硅胶作为介电液体，研究离子风驱动下介电液体在导电/绝缘基板表面的运动特性。首先实验研究了液态硅胶在不同导电/绝缘图形上面的定向汇聚行为；然后分析了在不同驱动电压下，液态硅胶汇聚的运动速度和液体完全汇聚的时间规律。

2.3.1　定向汇聚实验原理

本节利用图2-2所示的实验装置图，其中，极间距为20 mm，驱动电压为

7.0 kV，介电液滴采用硅胶液滴进行定量分析。基板上的导电 / 绝缘图形衬底也是在铜板上制作干膜形成，图形分别制作了5 mm 直径的圆形、5 mm 边长的正方形、5 mm 边长的三角形和5 mm 边长的六边形。

将体积为10 μL 的硅胶液滴由微升注射器沉积在导电图形外的绝缘干膜区域，然后接通高压直流电源产生离子风，同时可以观察到硅胶的定向汇聚现象，硅胶完全汇聚到导电区域后，断开高压直流电源。

为了检测液体的润湿性能，采用接触角测量仪（JC2000C，上海中晨数字技术设备有限公司，中国）分别测定液体硅胶在铜板表面和绝缘层干膜表面的静态接触角，结果如图2-22所示。液体硅胶在铜板和绝缘层干膜表面的接触角分别为39º 和31º。因此，理论上讲液体硅胶的铺展趋势应该是朝着绝缘层表面方向，而不是朝导电区域方向[45]。但根据2.2节结论：在离子风的作用下，介电液体将从非导电区域移动到导电区域。因此可以制备自定义形状的导电区域，通过离子风的驱动，使得绝缘区域上的所有液体都汇聚到导电区域，形成具有一定形貌的聚合液滴。

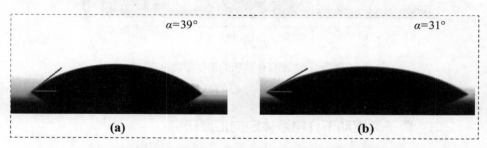

图2-22　硅胶液滴在铜板表面和干膜表面的静态接触角

(a) 硅胶液滴在铜板表面的静态接触角；(b) 硅胶液滴在干膜表面的静态接触角

2.3.2　介电液体汇聚特性分析

图2-23显示了液体硅胶朝不同形状的导电图案包括圆形、方形、三角形和六边形图案汇聚的实验过程。基板水平放置，从这个图中可以看出，最初液滴呈球冠形状且滴在导电区域外的绝缘干膜区域，加离子风后，硅胶全部朝导电

区域汇聚且完全填充图案，由于液体沿垂直方向对流，其在导电区域内界面呈波浪形波动[79]。这种现象与硅胶液滴在铜板和绝缘层表面的接触角得到的结论液滴应更倾向于朝绝缘区域流动的润湿性相反[45]。因为由仿真得出，离子风在图形化基板上产生的电场从绝缘区域指向导电区域，可以驱动液体硅胶汇聚到导电区域，从图中还可以看出，硅胶的三维轮廓与基板图形完全吻合，说明基板对液体硅胶具有一定的控制作用。

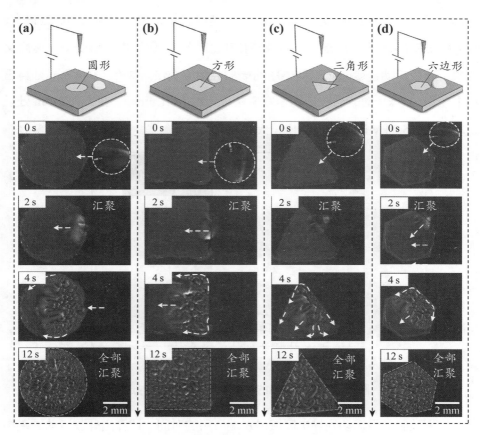

图2-23　硅胶朝不同形状的导电图形汇聚的过程

(a) 圆形；(b) 方形；(c) 三角形；(d) 六边形

图2-24显示了在不同的驱动电压下，硅胶在圆形导电图案不同位置的速度，其中，圆形直径为5 mm，液滴左侧前沿距圆形右侧边缘的距离为5 mm，

L 为液体起始位置到液体运动前沿的距离。在这个图中，汇聚速度的计算公式如下：

$$v = \Delta L_{\mathrm{L}} / \Delta t_{\mathrm{L}} \qquad (2\text{-}17)$$

式中，v 是液体流动的速度；ΔL_{L} 为高速摄像机记录的连续两张图片上液体朝导电区域运动前驱位置的变化；Δt_{L} 是连续两张图片的时间间隔，大约为0.03 s。从图中可以看出，硅胶的速度随着距离导电圆形距离的降低而增加。当超过圆形导电区域边界2 mm 即 L 为6 mm 处，速度最快，之后因为圆中心处最宽，液体扩散铺展，所在 L 等于8 mm 处的速度变慢，之后导电区域变窄，速度又变快。硅胶运动速度随着驱动电压的增加会相应变快。故在 L 为6 mm 处且驱动电压为10.0 kV 时，硅胶运动速度最快，大约是6.1 mm/s。在 L 为2 mm 处且驱动电压为5.0 kV 时，速度最慢，大约是0.3 mm/s。

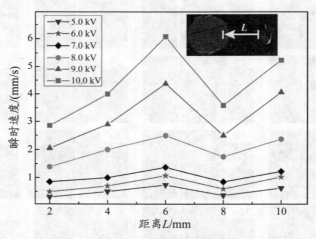

图2-24　在离子风的作用下硅胶汇聚的瞬时速度

根据硅胶前沿运动到导电区域最左端所用的时间，计算出硅胶运动的平均速度，其中，运动总距离 L 为10 mm，结果如图2-25所示。由图中可以看出，硅胶运动的平均速度随着驱动电压的升高而增加，当电压为10.0 kV 时，最高的平均速度可以达到约1.7 mm/s，而当电压为5.0 kV 时，最低的平均速度大约是0.4 mm/s。

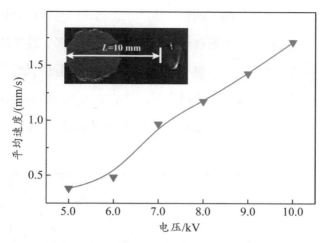

图2-25　硅胶汇聚平均速度与电压的关系图

　　图2-26记录了在不同的电压下，硅胶完全汇聚到导电区域所用的时间。从图中可以看出，硅胶完全汇聚的时间随着驱动电压的升高而缩短，当电压为10.0 kV时，汇聚时间只要约4 s，而当电压为5.0 kV 时，汇聚时间则需要大约34 s。

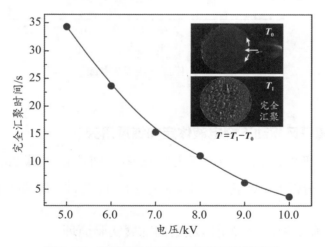

图2-26　硅胶完全汇聚时间与电压的关系图

　　图2-27是实验过程中电流与电压的关系图。从图中可以看出当电压低于4.0 kV 时，整个电路中电流为0.0 μA，针尖电场强度没有超过气体的电离场强，未达到开启电压，没有形成电晕放电作用。当电压大于4.0 kV 时，空气击穿，

发生电晕放电，空气中的负电子朝针尖运动，正离子朝基板电极运动。由于电压越高，正离子浓度越大，故落在导电区域的离子数越多，这些离子瞬间被导到负电极形成的电流就越大。当离子浓度增大时，电场强度就增大，驱动液体运动的电场力也相应增加，故电压越大时，硅胶的运动速度会越快。当电压为10 kV 时，电流可达到7.1 μA。电压再增大时，会出现放电现象，不再适用对液体进行控制。

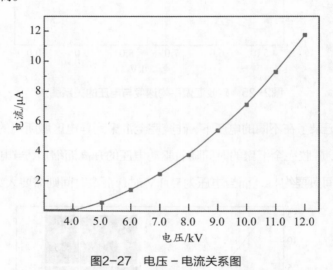

图2-27　电压－电流关系图

2.4　离子风驱动下介电液体定向铺展研究

本节实验研究了离子风驱动下液态硅胶在不同导电／绝缘图形上面的定向铺展行为，并分析了在离子风不同驱动电压下的液态硅胶的铺展速度。

2.4.1　介电液体沿导电区域定向铺展实验原理

图2-28是离子风作用下介电液体定向铺展实验装置示意图。其中，极间距为20 mm，导电／绝缘图形化衬底是对干膜进行机械切割后固化形成，导电区域是宽度为1 mm 的条状形貌。将体积为25 μL 的硅胶液滴由微升注射器沉积在导电图形末端，然后接通高压直流电源产生离子风，同时可以观察到硅胶的

定向流动现象，硅胶充分填充导电区域后，断开高压直流电源。

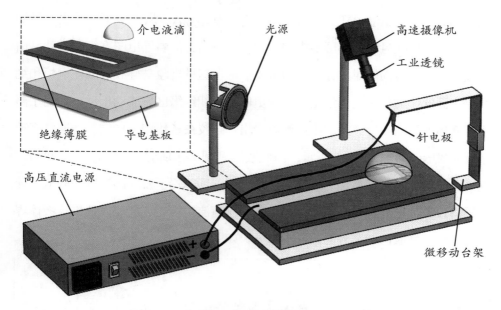

图2-28　实验装置示意图

介电液体定向铺展是由离子风中离子定向运动驱动的。在离子风的产生和运动过程中，离子沉积在硅胶液体和基板表面。在基板为绝缘的区域中，离子附着在其表面上，当离子沉积在基板导电区域时，离子可沿着导电区域向负极运动，故沉积的离子形成由绝缘区域指向导电区域的电场，介电液体中的离子在库仑力的作用下沿着这个电场运动，这种离子运动可以驱动介电液体朝导电区域定向运动[107]。当离子沉积在导电区域的液滴上时，离子会附着在介电液体表面，介电液滴上附着的离子与导电基板之间形成内电场，电场线从介电液体指向导电基板区域的方向，故附着有离子的介电液滴在库仑力的作用下会沿着导电区域进行铺展。

2.4.2　介电液体定向铺展特性分析

图2-29显示了液体硅胶在不同的导电图案即条状、S形和条状-圆形图案上的流动过程图。基板水平放置，条状和S形图案的宽度均约为1 mm。在条状-

圆形图案中，条状宽度约为1 mm，圆形直径约为5 mm。所有图案沿 y 方向的长度为20 mm。驱动电压为5.0 kV，电流约为2.7 μA。从图中可以看出，最初液滴呈球冠形状且滴在图形最末端，加离子风后会沿着导电图案定向流动，由于液体沿垂直方向的对流，其界面呈波浪形。这种现象与硅胶液滴在铜板和绝缘层表面的接触角得到的结论液滴应更倾向于朝绝缘区域流动相反，证明了离子对液体的驱动作用。从图中还可以看出，硅胶在条状和 S 形的流动速度高于条状 - 圆形。如图2-29(c) 所示，当硅胶达到圆形区域时，沿着条状方向的速度下降，因为其宽度增加，硅胶呈扩散铺展，所以沿 y 方向的速度会降低。硅胶始终以波浪形界面向前流动，当切断高压直流电源后，离子风消失，液体界面变光滑，硅胶向图案外面摊开一部分，如图中最后一行所示。

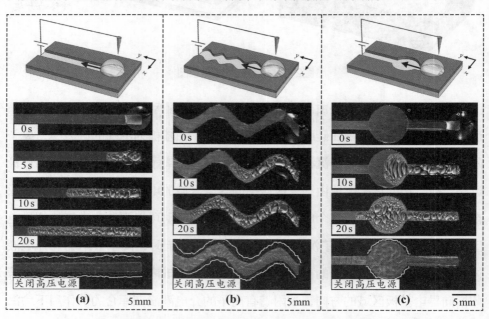

图2-29　在离子风的作用下硅胶在导电 / 绝缘图形上沿着导电图案定向铺展

(a) 条状导电图案；(b) S 形导电图案；(c) 条状 - 圆形导电图案

计算了硅胶在条状导电图案上的铺展速度。图2-30显示了在不同的驱动电压下，硅胶在条状导电区域内不同位置的铺展速度。在这个图中，铺展速度的计算公式如式（2-17）所示。

从图2-30中可以看出，铺展速度随着距离的增加而降低。随着驱动电压的增加，铺展速度会相应变快。在铺展距离为3 mm 处且驱动电压为10.0 kV 时，铺展速度最快，大约是8.5 mm/s。在铺展距离为15 mm 处且驱动电压为5.0 kV时，铺展速度最慢，大约是0.6 mm/s。

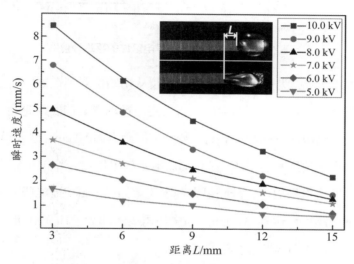

图2-30 硅胶在条状图案上的铺展速度

根据硅胶完全填充长度为20 mm 的导电区域所用的时间，计算出硅胶的平均铺展速度，结果如图2-31所示。平均铺展速度随着驱动电压的升高而增加，最高的平均铺展速度大约是3.9 mm/s，而最低的平均铺展速度大约是0.8 mm/s。电压越高，针尖与基板间电离产生的离子越多，朝基板运动的离子就越多，则介电液滴表面吸附的离子越多，此外，电压越高，电场强度越大，两者相互作用使介电液滴受到离子风作用力越大，从而导致介电液滴铺展速度更快。

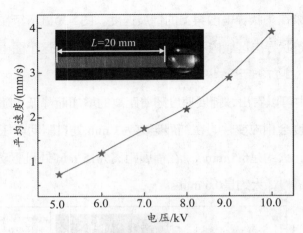

图2-31 硅胶填充整个导电区域的平均速度

如图2-32所示，为最大传播距离（硅胶从初始位置到铺展后前驱边缘的距离）和电压之间的关系。由图中可以看出定向运动最大铺展距离会随着电压的增大而增大。当电压低于4.0 kV 时，最大铺展距离为0.0 cm，硅胶没有作运动，其原因是电压未达到开启电压，没有形成电晕放电作用。当电压大于4.0 kV 时，空气击穿，发生电晕放电，硅胶最大铺展距离为3.5 cm。当电压为10.0 kV 时，硅胶最大铺展距离可达到13.2 cm。当电压再增大即大于10.0 kV 时，出现放电现象，不再适用于对硅胶液体进行控制。

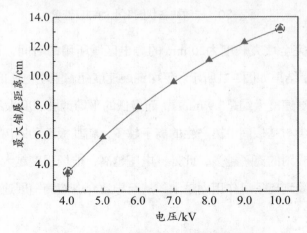

图2-32 电压与定向最大铺展距离的关系

不同介电液体包括硅胶、PDMS、硅油和甲苯在导电条状图案上的流动过程如图2-33所示。驱动电压为8.0 kV，硅胶运动时电流约为3.7 μA，PDMS运动时电流约为5.4 μA，硅油运动时电流约为9.2 μA，甲苯运动时电流约为13.8 μA，其原因与各介电液体的黏度和离子的运动速度等因素有关。硅胶速度最慢，甲苯速度最快，故附着在黏度小的介电液体上面的离子运动速度也快一些，电流会相应大一些。由图中可以看出四种介电液体都会沿导电图案方向呈现不同形状传播，硅胶、PDMS和硅油都呈波浪形且波形的高度随着黏度的降低而降低。甲苯由于其黏度太低，故没有呈波浪形铺展。去电压后，各介电液体均变光滑且朝外散开。

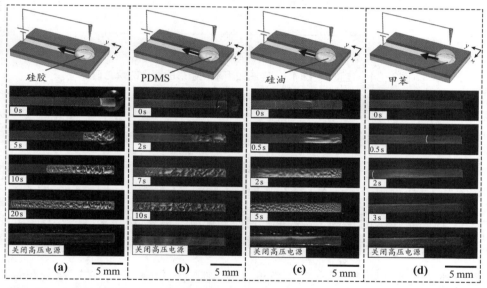

图2-33　在离子风的作用下，各介电液体在导电/绝缘图形化基板上沿导电条状铺展过程图

(a) 硅胶；(b) PDMS；(c) 硅油；(d) 甲苯

图2-34显示了驱动电压为8.0 kV时，硅胶、PDMS、硅油和甲苯四种介电液体在不同铺展距离下的瞬时速度。从图中可以看出，在相同距离处，各液体的速度会随着黏度的降低而升高。在扩散距离为3 mm时，四种介电液体均达到最高的扩散速度，其中，甲苯速度最快，约为21.4 mm/s，硅胶相对于其他三种

来说，速度是最慢的，约为5.2 mm/s。而在扩散距离为15 mm 时，四种介电液体均为最低速度，其中，甲苯速度最快，约为8.7 mm/s，硅胶速度最慢，约为2.0 mm/s。

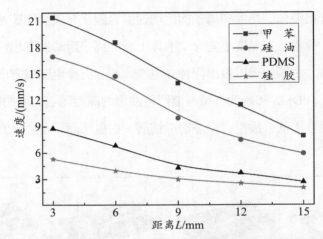

图2-34　硅胶、PDMS、硅油和甲苯在条形图案上的瞬时速度

　　除了水平定向铺展外，离子风还可以驱动介电液体沿着具有垂直倾斜角度的坡面上的导电图形向上流动。图2-35显示了当两电极之间的电压为8.0 kV 时，硅胶和硅油在垂直倾斜角度 $\theta = 60°$ 的基底上，沿条状导电图形向上铺展。从这个图中可以看出，两种介电液体全都向上铺展，直至充分填充整个导电区域，其中，硅油的运动速度高于硅胶的速度，与黏度等相关材料参数有关。

　　图2-36显示了硅油在垂直倾斜角度为0°、20°、40° 和60° 的导电基板上的向上铺展速度。从这个图中可以看出，随着垂直倾角的增大，铺展速度变慢，主要是重力作用的结果。在扩散距离为3 mm，垂直倾斜角度为0° 即基板水平放置时，硅油的铺展速度最快，约为17.1 mm/s。而在扩散距离为15 mm，垂直倾斜角度为60° 时，硅油的铺展速度最慢，约为0.5mm/s。在垂直倾角 $\theta = 60°$ 时，填充满整个导电区域的平均扩展速度为5.1 mm/s。垂直倾角为0° 时，填充满整个导电区域的平均扩展速度为13.9 mm/s。可以看出，随着垂直倾斜角的增大，平均速度减小。

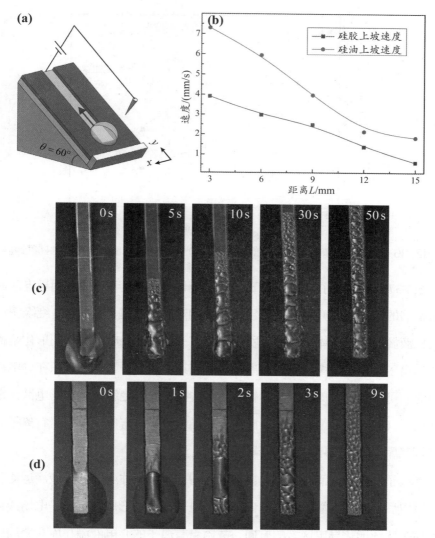

图2-35 硅胶和硅油在条状导电图案上沿垂直倾斜角度 $\theta = 60°$ 的斜坡的向上运动

(a) 示意图；(b) 硅胶和硅油上坡速度对比；(c) 硅胶；(d) 硅油

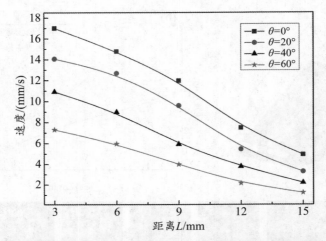

图2-36　垂直倾斜角度 θ = 0°、20°、40°、60° 的条形导电图案上硅油的铺展速度

　　图2-37所示为离子风的作用下，复杂图形化基板上介电液滴朝导电区域运动后铺展的现象，非介电液滴却没有相应的运动。当基板为导电 / 绝缘图形化基板且液滴为介电液体时，针尖所产生的离子沉积在介电液滴和图形化基板表面。当离子沉积在绝缘区域时，离子附着在其表面上。当离子沉积在导电基板区域时，可迅速向四周扩散最后朝着负极传播，此时绝缘区域与导电区域之间形成电场，电场线从绝缘区域指向图形化导电区域的方向，故附着有离子的介电液滴在库仑力的作用下会朝着导电区域汇聚。

　　当离子沉积在液滴区域时，离子会附着在介电液体表面。当液滴运动到导电区域以后，介电液滴上附着的离子与导电基板之间形成内电场，电场线从介电液体指向图形化导电区域的方向，故附着有离子的介电液滴在库仑力的作用下会沿着导电区域进行铺展。当液体为导电液体时，离子穿过液体内部运动到基板上，液体不会带电荷而呈中性，故没有电场力的作用，因此导电液滴不会有相应的汇聚和铺展现象。

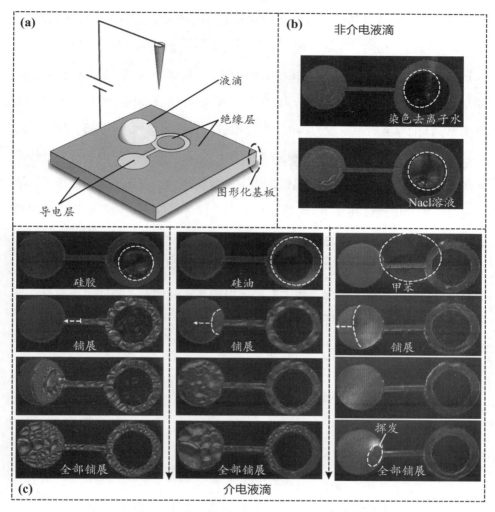

图2-37　在离子风的作用下图形化基板上液体的铺展现象

(a) 实验装置示意图；(b) 非介电液滴；(c) 介电液滴

2.5　本章小结

本章首先从理论上探讨了离子风驱动微液体的基本规律，并分析了离子风作用下介电液体的运动特性；通过 COMSOL 仿真对导电基板、绝缘基板和导电/绝缘图形化基板上液体流动行为进行机理性探索。用实验方法研究了离子风作用下，介电液滴与非介电液滴在同质基板上的流动行为。得出的结论是，当基板绝缘时，在离子风的作用下非介电液滴和介电液体没有流动现象。当基板导电时，其上面的介电液体会以针尖为中心，形成朝四周铺展开的圆形图案，非介电液滴则同样不会有流动行为。故可以得出介电液滴在导电基板上具有铺展现象，在绝缘基板上则没有铺展，非介电液滴在任何基板上都没有流动现象。

对离子风调控介电液体在导电/绝缘图形化表面的选择性流动行为进行深入研究，主要分为介电液体汇聚行为和定向铺展行为。在离子风的作用下，液态硅胶作为介电液体在导电/绝缘基板表面会朝导电区域定向汇聚。实验研究了液态硅胶在不同导电/绝缘图形上面的定向汇聚行为，分析了不同驱动电压对液态硅胶汇聚运动速度和液体完全汇聚时间的影响。在离子风的作用下，介电液体在导电/绝缘图形化基板上面沿导电图案定向铺展。驱动电压越高，铺展速度越快，平均速度随垂直倾斜角的增加而减小。硅胶最高的铺展速度达到8.5 mm/s。

第3章 离子风驱动下介电液滴微流控技术

3.1 引　言

聚合物微流控技术是指对微型聚合物进行精确的操作和控制，广泛应用于化学、生物、医学、纳米粒子合成等领域[108]。尤其针对化学分析和生物医学建立的高集成度和自动化的"芯片实验室"系统严重依赖于微液滴运动的控制。

在化学实验中，通过操纵微小的液滴来完成完整的化学或生化分析，这些液滴类似于微型反应器可以单独运输、混合和分析[109]。其优势是试剂消耗量少增加了实验的安全性，效率高，灵敏度高且能精确地定量控制。在先进的生物医学工程[110]中，微液滴经过输运、分离及合并等过程可在厘米级平面芯片上实现各种常规分析和检测功能，以完成生物分子的合成、药物输送、诊断和治疗。液滴微流控技术具有许多潜在的优点，包括减少消耗、分析时间短、降低成本、自动化水平高和仪器便携且实用。作为一种新兴技术，液滴微流控凭借其各种优势吸引了越来越多的机构和学者参与到研发队伍中来。

微流控技术分为两类：开放式和封闭式。在开放式微流控系统中，被控液滴位于水平基板上；在封闭式微流控系统中，液滴被夹在两个平板之间[111]。目前不同领域的学者们已经提出了许多微流控系统中微液滴的操纵方法，包括采用介电润湿、表面声波、磁场、介电泳、静电驱动、热毛细效应、光电润湿、电化学效应等技术[112-115]。

其中，介电润湿是控制微液体运动的有力工具，引起了广泛的关注且发展最为迅速。电场容易调控且可以通过使用光刻确定电极的精确位置，通过对不同的电极施加电压来驱动其上方液滴的运动，设计实现了精确控制微液滴的四种基本操作，生成、移动、分离及合并，其成果已经实际应用于微流控芯片、生物和化学等领域。但是这种方法是一种封闭式微流控系统，液滴被夹在两个平板之间进行操作，相对于开放式结构更不易于制造和组装。开放式液滴操作系统中直接在平面基板的表面进行操作，微滴可以彼此独立地被寻址和操纵，更易重新配置，从而使系统更灵活和可扩展，并且设计和操作更简单。

本书介绍了一种新型的介电液滴操纵方法，并证明其能够实现开放式结构微流控的四种基本操作：聚合、移动、分离与合并。在离子风的作用下，通过将低电位施加到液滴下方的控制电极，使用电极可以精确地驱动单个离散液滴。实验分析了在不同的离子风驱动电压下，介电液滴从一个电极运动到另一个相邻电极的速度和稳态时间。最后，以油水分离为例，介绍了介电液体微流控技术的一种应用前景。

3.2 微流控实验和原理

图3-1是对离散介电液滴进行操纵的实验装置示意图。采用针尖 - 基板电极结构产生离子风，针尖电极（针尖的曲率半径约为30 μm）与高压直流电源的正极相连接，基板电极采用四个孤立的氧化铟锡（ITO）导电电极区域分别与四个开关相连接，之后连接到高压直流电源的负极。形状相同且被排作两排两列的四个孤立的 ITO 导电电极区域，被涂覆在作为支撑介质的玻璃基片上。方形玻璃基片的边长和厚度分别为50 mm 和0.4 mm，其中，正中间方形（9 mm×9 mm）的区域则为图3-1中所示的区域，剩下外围全部贴有干膜绝缘薄膜层，干膜对其正中间的介电液体的作用力形成图中所示的边界力。四个孤立的方形 ITO 薄膜区域的边长和厚度分别为3 mm 和185 nm，其方阻约为6.6 Ω/cm^2，表面粗糙度为20 Å。在本章实验中，针电极尖端和 ITO 电极的上表面之间的距离由微移动台架调节并固定在20 mm。采用高速摄像机和工业透镜对电介质液

滴的流动进行实时观察和记录。

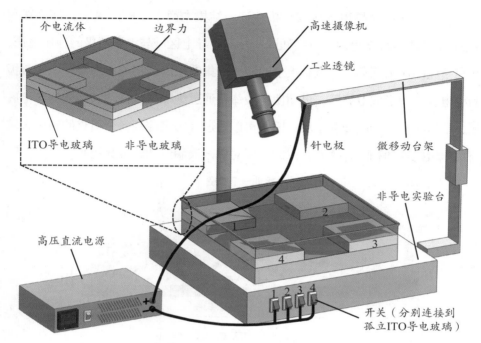

图3-1 离子风操纵离散介电液滴实验装置示意图

本实验采用硅胶作为电介质聚合物，实验过程如下，首先采用微升注射器在衬底上沉积厚度约为50 μm的液态硅胶薄膜，如图3-1所示，然后将高压直流电源的电压设置为6.0 kV后接通，在针尖周围产生离子风并向板电极移动。改变四个电子开关的状态则会实现硅胶液滴的聚合、移动、分离与合并，同时通过高速摄像机观察并记录离散液滴的运动情况。

图3-2显示了离子风操纵离散介电液滴的原理图。在涂有介电液体（液态硅胶）薄膜的图形化基板上，当针尖施加高压电源产生离子风后，离子将吸附在液体表面。随着液体表面吸附的离子增多，液体表面和与负极接通的导电区域形成的电场强度将满足第2章公式（2-11）所示条件，形成库仑力。因此，液体表面的正离子将附带着液体本身朝与负极接通的导电区域运动，最终形成与此导电区域横截面相等的汇聚液滴。图3-2（a）所示为一个导电区域与负极

接通，另一个导电区域悬空，结果为只在接通的导电区域汇聚成一个液滴；图3-2（b）所示为两个导电区域与负极接通，结果为两个导电区域表面都汇聚有液滴。在此基础上，可以通过接通或断开部分导电区域与电源负极的连接通道，在离子风的作用下悬空导电基板上的液体聚集的正离子将与周围接通电源负极的导电基板间形成电势差，进而使得液体将通过绝缘区域移动到接通的导电区域，最终实现液滴的迁移运动。因此可以通过开关来控制各个孤立的导电区域与负电极的连通和断开状态，以此实现对离散液滴运动的灵活控制。

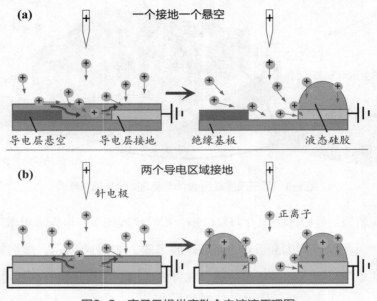

图3-2　离子风操纵离散介电液滴原理图

3.3　离子风微流控下介电液滴运动特性分析

3.3.1　介电液体的聚合特性研究

首先，基于图3-1所示实验装置，通过定义组合开关状态验证了介电液体在离子风作用下的聚合能力。图3-3所示为四种不同的开关组合下介电液体的聚合情况。根据离子风作用下硅胶朝与负极相连的导电区域定向汇聚现象，当某一个开关闭合时，平铺在基板上的介电液体会朝着导通的 ITO 区域运动，形成单个聚合状液滴。而当多个开关同时闭合时，对应的 ITO 区域各自均能形成导电回路，因而平铺的介电液体会汇聚到导通的 ITO 区域上，形成多个聚合状液滴。实验测得：在驱动电压为6.0 kV、针电极尖的曲率半径为30 μm、针尖与基板上表面之间距离为20 mm 的实验条件下，四组实验中液滴聚合时间均小于12 s，时间较短。另外，由于离闭合 ITO 区域处越近，电势差越大，整个玻璃板上的介电液体会按照就近原则进行汇聚。实验中也可以同步观测到此现象，如图3-3箭头所示。

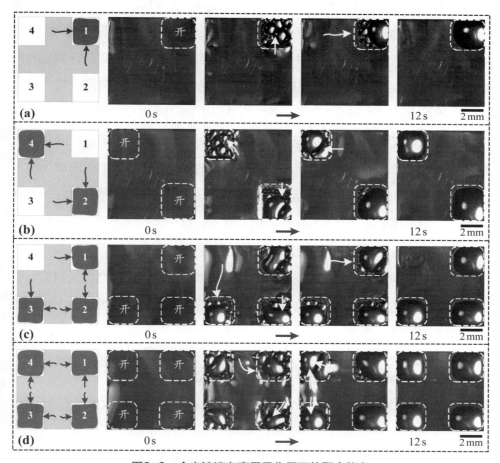

图3-3　介电液滴在离子风作用下的聚合能力

(a) 闭合一个开关；(b) 闭合两个开关；(c) 闭合三个开关；(d) 闭合四个开关

进一步，液体在聚合运动完成后，液滴由于离子风的持续作用，将维持聚合形态不变，并且聚合物的尺寸大小跟 ITO 基板的尺寸接近。因此，可以得出结论：基于离子风驱动的微流控技术，不仅可以控制液滴成型的位置，还可以控制其成型的大小，最终实现用户自定义的成型控制。

3.3.2　介电液滴的迁移特性研究

在上述聚合实验的基础上，当介电液滴成型后，通过切换 ITO 导电电极区域的通断状态，可实现聚合物液滴的迁移运行，实验实现了聚合液滴的顺时针转动以及对角线移动，如图3-4所示。实验操作如下：首先采用微升注射器在图形化基板上沉积一层液态硅胶薄膜，然后顺时针依次闭合和断开编号为1、2、3和4的开关，使导电区域依次与负电极接通和断开，液滴将沿顺时针方向运动。图3-4(a)首先闭合开关1，开关2、3和4为断开状态，液滴向开关1对应的导电区域位置汇聚，汇聚完成后，断开开关1，同时闭合开关2，液滴从导电区域1向导电区域2运动，完成了液滴朝下运动的控制。同理可以控制液滴朝左运动，如图3-4(b)所示；朝上运动，如图3-4(c)所示；朝右运动，如图3-4(d)所示；朝对角线运动，如图3-4(e)所示。液滴在每一次到达新的位置上时，硅胶液滴的尺寸与对应的 ITO 基板尺寸保持一致。

该实验表明，基于离子风驱动的微流控技术，在实现用户自定义的成型控制的基础上，还可以继续对成型液滴的大小和位置进行进一步的调整，极大地增强了微流控的灵活性。

3.3.3　介电液滴的分离与合并特性研究

进一步，通过同时操作多个开关的通断发现：①单个液滴能根据目标 ITO 基板的尺寸分割为多个小液滴，如图3-5(a)所示；②分离的液滴仍然可通过数控方式使其聚合在原被分离的位置，且重新聚合的形貌与分离前形貌相似，如图3-5(b)所示；③当多个聚合液滴被同时操控时，液滴将按照就近

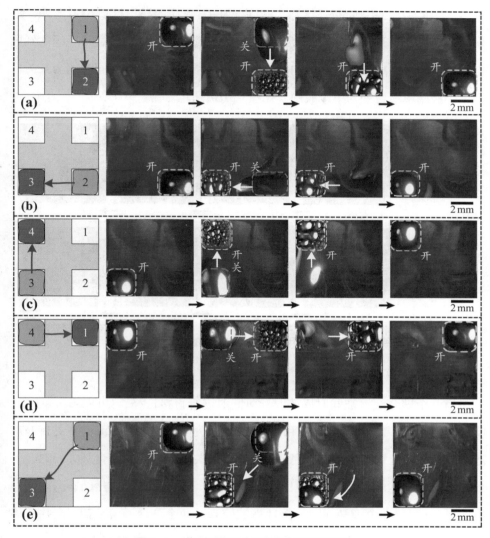

图3-4　离子风作用下介电液滴的迁移能力

(a)~(d) 顺时针流动；(e) 向对角流动

原则向目标位置移动，可直接移动，也可分离或合并，如图3-6所示。由于成型的聚合物液滴的表面积只受导电区域尺寸影响，因此可以通过介电液滴分离 - 合并的能控特性，制备高低不相同的聚合物液滴。

　　单个液滴分割成两个小液滴如图3-5(a) 所示，实验操作如下：首先闭合开关1，开关2、3和4为断开状态，液滴向开关1对应的导电区域位置汇聚，汇聚完成后，断开开关1，同时闭合开关2和4，液滴从导电区域1散开后运动到导电区域2和4，完成液滴分离运动的控制。然后断开开关2和4，同时闭合开关1，两个小液滴重新合并为单个液滴，如图3-5(b)所示。

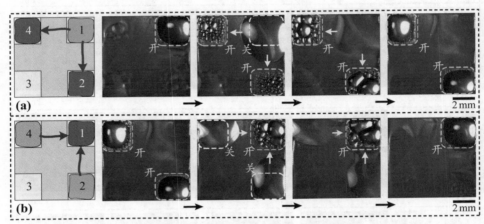

图3-5　离子风作用下离散介电液滴的分离与合并能力

(a) 分离；(b) 合并

当两个聚合液滴被同时操控时，可同时进行直接迁移，如图3-6(a)所示，实验操作如下：首先闭合开关1和4，开关2和3为断开状态，液滴向开关1和4对应的导电区域位置汇聚，汇聚完成后，断开开关1和4，同时闭合开关2和3，一个液滴从导电区域1运动到导电区域2，同时另一个液滴从导电区域4运动到导电区域3，完成两个液滴同时直接迁移的控制。两个聚合液滴分离 - 合并迁移如图3-6所示，实验操作如下：首先闭合开关1和3，开关2和4为断开状态，液滴向开关1和3对应的导电区域位置汇聚，汇聚完成后，断开开关1和3，同时闭合开关2和4，液滴1和3都分离后，再交叉合并成另外两个液滴2和4。

综上所述，在离子风的驱动下，通过离子风微流控方案可以从位置、面积、高度等方面实现对聚合物的三维形貌进行调控。同时针对已成型的聚合物，仍然可以通过该方案继续对聚合物的大小和位置进行进一步的调整。

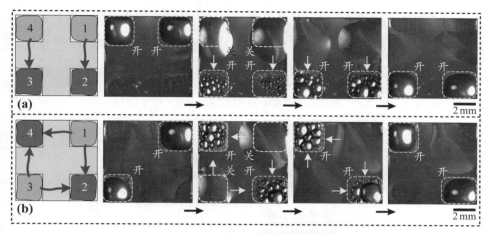

图3-6　离子风作用下离散介电液滴的迁移

(a) 直接迁移；(b) 分离 - 合并迁移

3.3.4　不同实验条件对离子风微流控性能的影响分析

图3-7所示为不同电压下，离子风驱动离散硅胶液滴朝相邻位置迁移的迁移瞬时速度和距初始位置的距离之间的关系。从图中可以看出，驱动电压越大，瞬时迁移速度越快。迁移速度随着距离的增加，先减慢，液体流动前驱距左侧 ITO 导电区域的距离为0 mm 时，速度会相应增加，ITO 导电区域中间速度最高，到左边快铺满时，速度又降低。这与硅胶在基板上所受的库仑力成正比，由仿真结果可以看出，当右边的导电区域悬空，左边的导电区域接地时，右边导电区域指向中间绝缘区域的电场强度相对较小，电流密度也相对较小，由绝缘区域指向左边导电区域的电场强度相对较小，电流密度也相对较大。在 4 mm 的距离和7.0 kV 的驱动电压下，最高迁移速度约为1.6 mm/s。而在2 mm 的距离和4.5 kV 的驱动电压下，最低速度低于0.1 mm/s。

根据一个硅胶离散液滴前驱运动到 ITO 导电区域最左端所用的时间，计算出硅胶迁移的平均速度，其中，运动总距离 L 为6 mm，结果如图3-8所示。从图中可以看出，硅胶平均迁移速度随着驱动电压的升高而增加，电压越高，针尖与基板间电离产生的离子越多，朝基板方向运动的离子就越多，则介电液滴表面吸附的离子越多，此外，从仿真结果可知，空间电场强度随着距针尖的距离增加而下降，故针尖上施加不同的电压时，达到基板的电势不同，接地的导电区域与其他区域之间的电场强度就不同，电压越大，基板上的电场强度越大，从而导致介电液滴的迁移速度更快。当电压为7.0 kV 时，最高的平均迁移速度大约是0.58 mm/s，而当电压为4.5 kV 时，最低的平均迁移速度大约是0.09 mm/s。

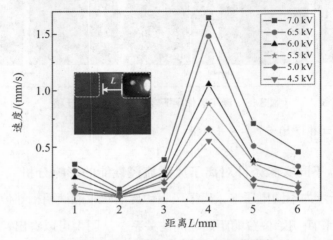

图3-7　硅胶在离子风作用下的迁移速度

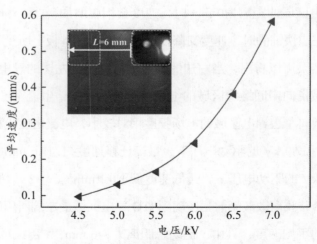

图3-8　硅胶在离子风作用下的平均迁移速度

　　图3-9所示为离子风驱动一个离散液滴朝相邻位置迁移从一个完全聚合的稳态到另一个完全聚合的稳态所用的时间与电压的关系。从图中可以看出，驱动电压越大，稳态时间越短即液体从一个聚合稳态到另一个聚合稳态所用的时间越短，速度越快。当电压为7.0 kV 时，稳态时间只需要24 s；当电压为4.5 kV 时，稳态时间最长，需要120 s。

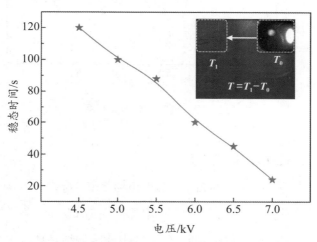

图3-9　硅胶在离子风作用下的稳态时间

　　图3-10是实验过程中电流与电压的关系图。从图中可以看出当电压增大时，电流会随着电压的增大而增大。当电压为4.5 kV 时，整个电路中的电流大约为0.18 μA；当电压为7.0 kV 时，整个电路中的电流大约为4.04 μA。电路中的电流是由离子风中离子朝与负极相连的 ITO 导电区域运动然后往高压直流电源负极运动所形成，电压越高，正离子浓度越大，故落在 ITO 导电区域的离子数越多，这些离子瞬间被导到负极形成的电流就越大。当离子浓度增大时，电场强度就增大，驱动离散液滴运动的电场力也相应增加，故电压越大时，离散液滴运动速度越快，稳态时间越短。

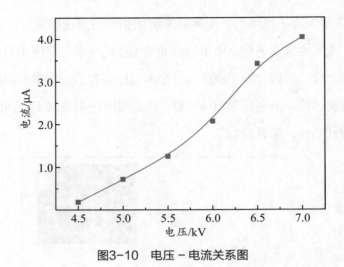

图3-10　电压－电流关系图

3.3.5　COMSOL 仿真分析

为了直观地了解不同开关组合下基板的电场分布情况，本小节通过 COMSOL 仿真对介电液滴受控运动的机理进行仿真探索。在仿真环境的基板上设置两个可控导电区域，电场计算区域包括空气、导电薄膜和绝缘基板三个部分。仿真中，分别对离子风作用下，图形化基板的电场分布、电流密度与离子浓度的分布进行模拟，相关边界条件与实验相对应。模拟中使用的主要参数配置如表3-1所示，电场方程同第2章。

表3-1　主要参数设置

参数	符号	数值	单位
高电压值	V_H	6 000	V
基板与针电极距离	L	20	mm
绝缘基板宽度	W	9	mm
中间绝缘区域宽度	W_1	3	mm
对称导电薄膜宽度	W_2	3	mm
绝缘基板高度	H_1	1	mm
导电薄膜高度	H_2	0.5	mm

表3-1（续）

参数	符号	数值	单位
绝缘基板电导率	σ_1	0	S/m
导电薄膜电导率	σ_2	6.8×10^4	S/m
绝缘基板相对介电常数	ε_1	2.8	——
导电薄膜相对介电常数	ε_2	1	——

图3-11所示为两个导电区域均导通时，电场强度和电流密度分布情况，曲线表示电势等值线。其中，图3-11（a）~图3-11（b）是电场强度分布情况，带箭头的线是电场线，箭头方向为电场方向。图3-11（c）~图3-11（d）是电流密度分布情况，带箭头的线是指电流密度分布，箭头方向为电流方向。从仿真结果可以看出，空间电势随着空间位置距针尖的距离增加而降低，直至基板上为最低。基板图形化导电区域改变了电场分布，在图形化基板的表面，等势线由平滑的水平线（距基板3~10 mm处的空间等势线）变成绝缘区域低而两个导电区域高的凹形曲线。其中，绝缘区域的电场强度比导电区域的电场强度大，在靠近导电区域，电场线是由绝缘区域指向两个导电区域，如图3-11（b）中椭圆区域所示，因此，具有驱动附着有离子的介电液体向两个导电区域流动的电场作用力。电场线的长短和箭头大小可以表示电场强度的相对大小，可以看出由绝缘区域指向两个导电区域的电场强度是大小相同和方向均匀对称的，故对介电液体所受的朝两边的库仑作用力都是相同的，所以可以形成大小一致的聚合液滴。图3-11（c）~图3-11（d）表明，针尖处有电流流出，在图形化基板表面，绝缘区域表面的电流朝两边导电区域流动，两个导电电极区域表面的电流都运动到负极。对比两个导电区域的箭头分布和大小可以得到，两个导电电极区域流入的电流大小是相同的，故在图形化基板上，介电液体被离子驱动向导电区域汇聚，所形成的三维形貌尺寸可以通过导电区域的形状和尺寸设计来调节。

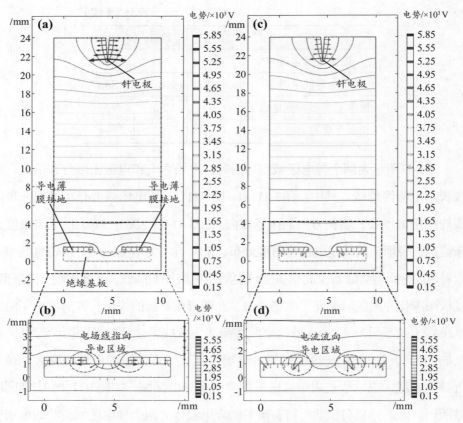

图3-11　两个导电区域接地时的电场和电流密度分布

　　图3-12为两个导电区域同时导通时离子浓度分布情况，图中颜色深浅表示离子浓度梯度变化。从图中可以看出，针尖附近的离子浓度最高，随着空间距离针尖越远，离子浓度越低。在图形化基板表面，两个导电电极区域表面的离子浓度最低，几乎都为零，而且两个相同的导电区域表面的离子浓度是完全对称的，因为沉积在导电区域表面的离子全部通过导电区域运动到地。绝缘区域相对于导电区域具有较高的离子浓度，因为绝缘区域阻止了其表面离子向下扩散，故离子只能沿着绝缘区域表面朝两边扩散，因此绝缘区域表面沉积的离子具有朝两边导电区域流动的倾向。从中可以看出基板图形化阵列可以改变基板上离子的运动方向，故聚合物液体被离子驱动朝两个导电区域流动，所形成的

图案可以通过对导电区域的形状设计来调节。

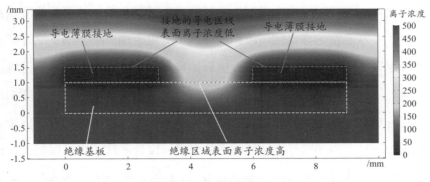

图3-12 两个导电区域接地时的离子浓度分布

　　当其中一个导电区域悬空后，由于导电回路被切断，此悬空导电区域的电势将升高。结合离子风驱动原理，介电液体将从悬空导电区域转移到接地导电区域。仿真结果如图3-13所示。其中，图3-13(a)～图3-13(b)是电场强度分布情况，带箭头的线是电场线，箭头方向为电场方向。在图形化基板的表面，等势线变成悬空导电区域和绝缘区域低而接地的导电区域高的曲线形状。其中，悬空的导电区域和绝缘区域的电场强度比接地的导电区域的电场强度大，在靠近悬空的导电区域一侧，电场线是由悬空导电区域指向绝缘区域，在靠近接地的导电区域一侧，电场线是由绝缘区域指向导电区域，因此，具有驱动附着有离子的介电液体由悬空的导电区域运动到绝缘区域，然后向接地的导电区域流动的电场作用力，最终只在接地的导电区域汇聚成一个液滴。从箭头的形状和尺寸可以看出，从悬空的导电区域指向绝缘区域的电场强度相对较小，而从绝缘区域指向接地的导电区域的电场强度相对较大，故带电的介电液体在悬空导电区域处所受电场力小于接地导电区域处，因此介电液体从悬空的导电区域流动到绝缘区域的速度相对较小，由绝缘区域流动到接地的导电区域的速度相对较大。

　　图3-13(c)～图3-13(d)是电流密度分布情况，带箭头的线是指电流密度分布，箭头方向为电流方向。从图中可以看出，在图形化电极阵列基板表面，悬空的导电区域表面的电流朝绝缘区域流动，绝缘区域表面的电流朝接地的导电

区域流动，接地的导电区域表面的电流往下流动到地。因此电流总体来说，是从针尖处流动到接地的导电电极基板区域然后流动到负极。从箭头的形状和尺寸可以看出，从悬空的导电区域流到绝缘区域的电流相对小，而从绝缘区域到接地的导电区域的电流相对大，故介电液体被离子驱动由悬空的导电区域流动到绝缘区域的速度相对较小，由绝缘区域流动到接地的导电区域的速度相对较大。最终介电液体向接地的导电区域汇聚，形成一个凸起形貌的液滴，所形成的三维形貌尺寸可以通过导电区域的形状来进行设计。从图中可以看出，只有接地的导电电极区域才可以改变电流的流向，悬空的导电电极区域对电流的流向没有影响。

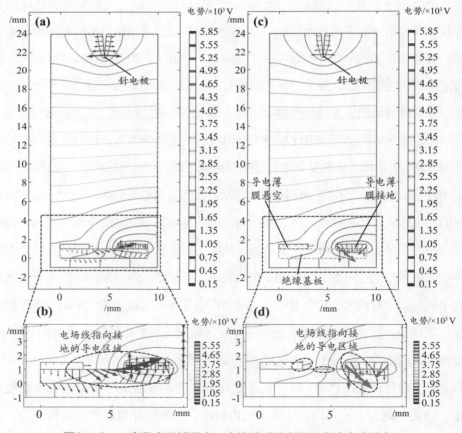

图3-13　一个导电区域悬空一个接地时的电场和电流密度分布

图3-14是离子风作用下离子浓度仿真结果图，图中颜色深浅表示离子浓度梯度变化。模拟结果表明，离子浓度以接地的导电区域为中心呈环状扩散，接地的导电电极区域的离子浓度最低几乎为零，越往外，离子浓度越高。悬空的导电电极区域和绝缘区域相对于接地的导电电极区域具有较高的离子浓度，因为悬空的导电电极区域和绝缘区域没有离子运动的通路，故离子附着在其表面后没有被即时导走使得离子浓度较高。从图中可以看出只有接地的导电电极区域才可以改变离子的运动方向，悬空的导电电极区域和绝缘区域由于没有离子通路，故离子朝接地的导电电极区域流动，因此可以驱动附着有离子的介电液体从悬空的导电电极区域和绝缘区域朝接地的导电电极区域流动，所形成的三维图案可以通过对导电区域的形状和尺寸的设计进行调节。

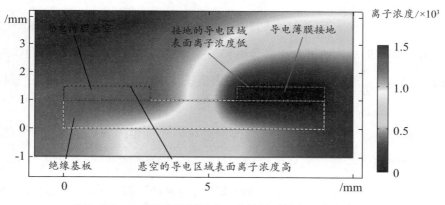

图3-14 一个导电区域悬空一个接地时的离子浓度分布

3.4 离子风微流控下油水分离应用

在离子风的作用下，介电液体在导电/绝缘图形化基板上具有定向选择性地朝导电区域流动，导电液体则不运动，类似于导电区域具有亲油疏水性，而绝缘材料具有亲水疏油性，利用这一特性进行油水分离，对材料要求低且选择性广泛，以解决耐久性问题。分离是基于离子与导电区域的作用产生而非材料表面性能，可靠性更优。

因此本节介绍了一种新型的固体表面油水分离技术。首先基于上述原则设计了混合液体分离的实验装置，并制备了环形结构和方形结构两种实验基板用于研究油水分离特性；然后开展定量研究实验，分析了离子风强度与分离时间及分离效果的对应关系。另外，作为比对研究，本章引入了油和液态硅胶混合物作为被分离对象，分析了本书提出的方法分别对介电液体和非介电液体混合物与介电液体混合物的分离效果。

3.4.1　油水分离实验装置介绍

图3-15是离子风驱动油水分离的实验装置示意图。采用针尖 - 基板电极结构产生离子风，实验所采用的针电极尖的曲率半径约为30 μm，针尖与基板上表面之间的距离为20 mm。导电基板采用厚度为0.5 mm 的铜板与高压直流电源的负极相连，其上面的绝缘薄膜通过对干膜进行机械切割后再利用紫外线固化灯照射固化形成。通过高速摄像机和工业透镜实时观察并记录混合液体的流动过程。实验中的油采用硅油，水采用去离子水进行，为了更清楚地跟踪观察，利用绝缘染色剂将其染成黑色。

实验过程如下：首先采用微升注射器将一滴体积约为5 μL 的油沉积在基板右侧中间孤立的圆形非导电区域，并将另一滴体积约为5 μL 的水沉积在油滴上；然后将高压直流电源调节到9.0 kV 后接通产生离子风，同时通过高速摄像机观察并记录混合液体的运动情况。在离子风的产生和运动过程中，离子沉积在油和水的混合液体表面和基板表面。当离子沉积在基板导电区域时，离子可沿着导电区域向负极运动；当离子沉积在基板绝缘区域时，离子附着在其表面上，故沉积的离子形成从绝缘区域向导电区域方向的电场；此时被极化的油表面附着的离子在库仑力的作用下会驱动油沿着这个电场的方向运动，而水则不会被极化。当离子沉积在水上面时，会从水内部穿过运动到油面上或者基板上，故不能驱动水进行铺展。因此导电区域具有类似的亲油疏水性。

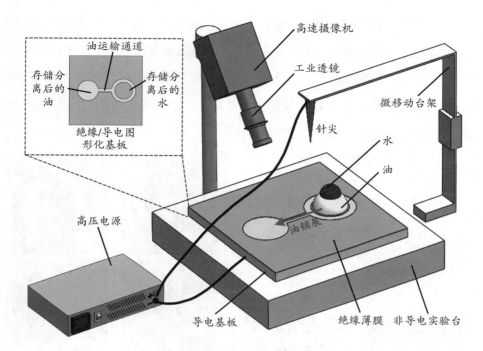

图3-15　油水分离实验装置示意图

3.4.2　油水分离特性与结果分析

本实验首先对比研究了离子风作用下，油水混合物与油硅胶混合物在导电/绝缘图案化基板表面的流动行为，如图3-16所示。图3-16(a)为环形图案油水分离的装置示意图，基板水平放置，基板图形右侧内圆形直径为3 mm，用来存储分离后的水，外圆形直径为4 mm，环形导电区域宽度为1 mm；中间条状导电区域宽度为1 mm，作用是油铺展的通道；左边圆形的直径为4 mm，作用是存储分离后的油。图3-16(b)为方形图案油水分离的装置示意图，外方形边长为16 mm，内方形边长为12 mm，环形通道为2 mm，用以存储分离后的油，中间四个凹进内方形的区域的长为3 mm、宽为1 mm，其目的是增大混合液与导电区域的接触面积，加快油水分离速度。

从图3-16(c)和图3-16(d)可以看出，最初油水混合物液滴均呈球冠形状且滴在绝缘图案中间，先沉积油后沉积水，故水在油正中间的上方。加离子风后，水不动，油会沿着导电图案进行铺展，如第二行所示。随着离子风作用时间加长，中间的油水混合物不断减少，最终几乎全部的油都沿着导电图案定向铺展实现油水分离，如第四行所示。从液体颜色上可以定性看出分离出来的油的纯度较高。本实验中，油水混合液在圆形图案上完全分离所用的时间约为30 s，而在方形图案上完全分离所用的时间约为21 s。

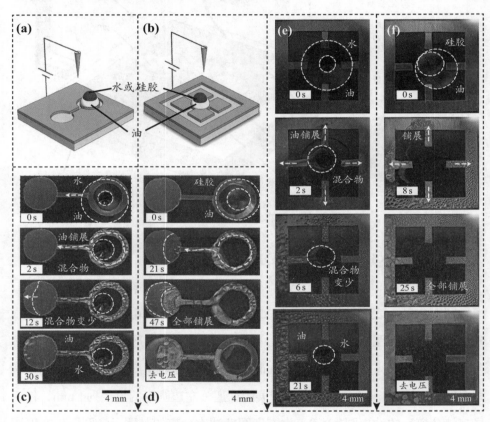

图3-16　混合液滴运动

　　(a)~(b) 实验装置示意图；(c) 环形图案油水分离；(d) 环形图案油硅胶未分离；(e) 方形图案油水分离；(f) 方形图案油硅胶未分离

　　图3-17所示为离子风驱动油水混合物在导电/绝缘图案化基板上完全分离所用的时间与电压的关系。可以看出，驱动电压越大，分离所用时间越短即分

离速度越快。电压为10.0 kV 时，10 μL 油水混合物分离所用最短时间是14 s。

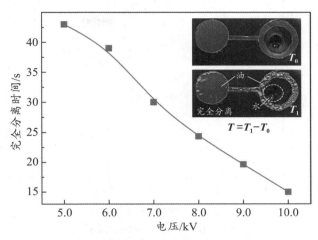

图3-17　电压对油水完全分离时间的影响

　　为了测量油水分离过程中不同电压下的电流，在基板与高压直流电源的负极之间，接入数字直流检流计测量电路中的电流，结果如图3-18所示。当电压为4.0 kV 时，整个电路中电流大约为0.0 μA。当电压大于4.0 kV 时，空气击穿，发生电晕放电产生离子风，空气中的负电子朝针电极运动，正离子朝基板电极运动。由于电压越高，正离子浓度越大，故落在导电区域的离子数越多，这些离子瞬间被导到高压电源负极形成的电流就越大。当离子浓度增大时，电场强度就增大，驱动油水分离的电场力也相应增加，故电压越大时，油水混合物完全分离所用的时间就越短即分离速度越快。当电压为10.0 kV 时，电流可达到11.4 μA。电压再增大时，会出现放电现象，不再适用驱动油水分离。

　　为了检测油水分离后油的纯度，对分离后的油进行提纯后，利用高精度电子秤（FA1004，红奕仪器，中国）对其进行称重，得重量 G_1，敞口放置24 h 之后，再次进行称重，得重量 G_2，提出油的纯度为 G_2/G_1。如果油中含有水分，则在敞口放置24 h 的过程中，水会蒸发导致第二次测得的重量减少，如果油的纯度很高，则两次测得的重量则相差很小。本实验随机提取10组实验数据，进行纯度检验。实验结果如图3-19所示，所提取的油的纯度在99% 以上。

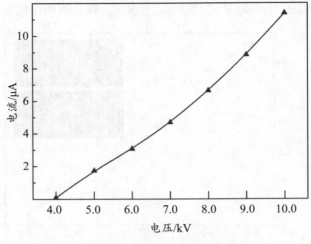

图3-18　电压－电流关系图

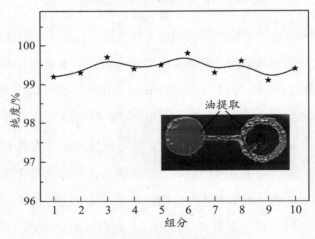

图3-19　油水分离后油的纯度

为了测试这种油水分离方法对其初始位置的不敏感，对相同条件下不同位置的油水混合物进行分离实验。基板水平放置，分别将油水混合液滴沉积在不同的位置后，然后接通高压直流电源进行观察，实验结果如图3-20所示。图3-20(a)将油水混合液滴沉积在中间孤立圆形绝缘区域，油会沿着环形区域铺展，水则停留在中间绝缘区域。图3-20(b)将油水混合液滴沉积在中间直线通道和环形的下方交叉绝缘区域，油会朝上运动到条形导电区域，朝右运动到环形导电区域，水则停留在原来的位置。图3-20(c)将油水混合液滴沉积在右边环形下方绝缘区域，油会朝上首先运动到环形导电区域然后沿整个导电区域进行铺展，水则停留在右边环形下方绝缘区域。可以得出，油水分离作用与其初始位置没有关系，滴在任何绝缘区域，油均可以铺展，水均不动，可以实现油水分离，因为离子风下的油在绝缘区时，总会有向导电区域汇聚的作用。然而三个初始沉积位置下，油水完全分离所用的时间却不同，图3-20(a)所示油水完全分离所用的时间是30 s，图3-20(b)所示油水完全分离所用的时间是40 s，图3-20(c)所示油水完全分离所用的时间是60 s，原因与油水混合液体接触导电区域的面积有关，接触面积越大，分离所用时间越短即速度越快。

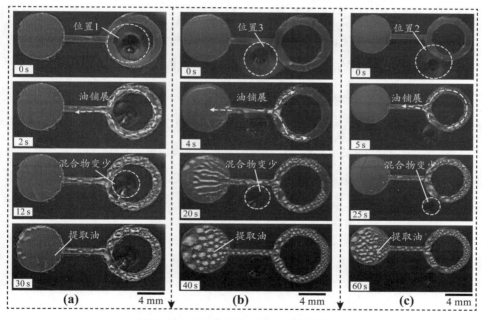

图3-20　油水分离与其初始位置的关系

3.5　本章小结

本章研究了离子风控制离散介电液滴的流动现象。首先通过实验验证，在离子风的作用下，介电液滴在具有四个孤立导电区域的衬底上会自发地流向与负极相连的导电区域，可以通过四个开关来控制离散介电液滴的聚合、移动、分离与合并行为。分析了开关闭合个数与电流的关系，得出的结论是电路中的电流随着开关闭合个数的增加，而成倍增加。定量分析了不同驱动电压下，硅胶迁移速度的变化规律。得出的结论是驱动电压越高，迁移速度越快。硅胶最高的瞬时迁移速度可以达到1.6 mm/s。并且分析了不同驱动电压下，硅胶的稳态时间的变化规律，得出电压越高，稳态时间越短，液滴从一个稳态运动到另一个稳态所需要的最短时间是24 s。最后，通过 COMSOL 仿真对基板上两个导电区域不同接通状态的电场分布、电流密度与离子浓度的分布进行模拟，得出电场线由未接地的导电区域和绝缘区域指向接地的导电区域，具有驱动介电液体朝接地的导电区域运动的电场力。

　　基于上述对介电液滴微流控的结论，本章以油水分离为例，介绍了介电液体微流控技术的一种应用前景。首先分析了在不同驱动电压下，油水完全分离的时间规律，电压和电流的关系。得出的结论是驱动电压越大，分离所用时间越短即分离速度越快，电路中的电流也会越大。油水分离所用最短时间是14 s。然后对分离后油的纯度进行检测，得知其纯度很高且大于99%。油水分离与其初始位置没有关系，与其接触导电区域的面积有关，接触面积越大，分离所用时间越短即速度越快。

第4章　离子风调控液态聚合物薄膜成可控微图形

4.1 引　　言

可控的聚合物微图形作为必不可少的功能部件广泛应用于许多微米/纳米科学领域，例如应用于微光学来调制光学反射和透射光谱[116]、柔性电子来提高基材的柔韧性[117]，生物医学微流体实现规则阵列[118]，仿生学[119]，或者用于微芯片、微机电制造（MEM）工艺过程中的掩膜设备或功能结构[120]。可控聚合物微图形对实现微米/纳米技术的工程应用至关重要。

现已研究开发出许多先进的制备聚合物微图形的方法，根据不同的关键问题，如精度、可靠性、规模、速度或成本等，它们的实现方式主要分为两类。一类可以概括为适应性技术[121]，主要包括模压成型、微米/纳米压印[122]、光刻和软刻[123]，激光烧结和激光扫描[124-125]等。这些适应性技术提供了先进的具有高精度的制造力，但需要复杂和昂贵的制造过程和设备。

为了摆脱对复杂的加工过程和设备的依赖，越来越多的研究关注于聚合物薄膜的固有流动性或大的形变特性制作聚合物微图形。利用光、热、声波等诱导聚合物薄膜表面不稳定，自发地产生纳米级到毫米级的图形[126]。但是由于对光、热和声波等的微量化控制研究还不够完善，所制造的三维结构的一致性和规整性还不能达到工程应用水平[127]，而且可重复性低。故利用聚合物薄膜的表面不稳定性和自组织性制作出可以实际应用的规整一致的三维结构是目前研究的重点。

　　本章首先在分析离子风驱动聚合物成型基本原理的基础上，利用第2章的实验装置，通过设计不同形状的 ITO 基板，制作了不同尺寸的凹凸点阵列微形貌；然后分别从单个聚合物和聚合物阵列的三维尺寸、表面粗糙度等方面分析了所制作微形貌的特点，从实验的角度验证所提方法的可行性。最后，利用 COMSOL 对聚合物成型的电场模型进行仿真。

4.2　离子风驱动聚合物成型原理和实验

　　基板和液体薄膜之间的异质界面张力是润湿的诱因[128-129]。电场也可以通过应用界面张力来调节润湿[130]。不同于传统的润湿现象的机理，电润湿通过离子的运动来驱动液体聚合物的运动。图4-1是电润湿的原理示意图，当液体聚合物薄膜利用匀胶机（KW-4A，中国科学院微电子研究所，中国）均匀旋涂在具有图形化绝缘层的导电基板上，在离子风的作用下，由于聚合物的超低导电性，离子开始聚集在液体薄膜的上表面［图4-1(a)］。随着界面上的离子浓度增加到一个临界值时，由离子引起的库仑力克服了液体聚合物表面张力驱动其开始流动，平坦的液体界面变成图形化结构[131-133]。衬底上的导电区域是离子的传输路径，因此在库仑力的作用下，带有离子的液体聚合物流向导电区域［图4-1(b)］。随着离子风作用时间的持续，绝缘层上的液态聚合物完全汇聚到导电区域［图4-1(c)］。由于表面张力的影响，液体聚合物通常呈现出最小自由能的形状，例如液态聚合物在圆形导电区域内显示球帽形状。源于这种电润湿现象，凹凸点阵列微形貌可以通过导电异质表面来实现［图4-1(d)］。液体聚合物凹凸点的尺寸和形状可以通过设计基板的导电或非导电图形区域来控制。

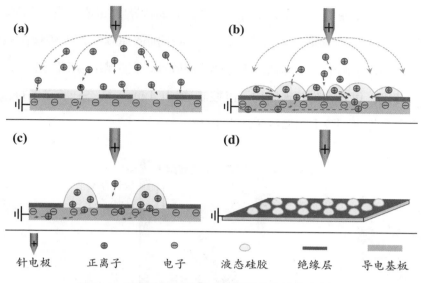

针电极　　正离子　　电子　　液态硅胶　　绝缘层　　导电基板

图4-1　基于离子风的聚合物图形化的原理示意图

　　图4-2显示了基于离子风的聚合物薄膜图形化的实验装置示意图。采用针尖 - 基板电极系统产生离子风，针电极尖端直径为70 μm，针尖与基板之间的距离为20 mm。针电极和基板电极分别与高压直流电源的正负极相连。实验搭建了微移动平台，控制针电极的平移和旋转的微小移动。采用电子数码显微镜（B011，深圳超眼科技有限公司，中国）对液体聚合物的流动情况进行拍摄，实时地从计算机屏幕上观察和记录硅胶薄膜的形貌变化，加热台（DB-XAB，力辰科技，中国）用于液态聚合物薄膜形貌的固化。

　　液态聚合物使用硅胶进行实验。厚度约为1.1 mm的玻璃片上的氧化铟锡（ITO）薄膜涂层作为导电基板电极并且用于支撑液体聚合物薄膜。ITO的厚度约为185 nm，它的方阻约为6.6 Ω/cm^2，表面粗糙度约为20 Å。在ITO表面制备了光刻胶薄膜作为绝缘层。图形化ITO玻璃即是通过光刻工艺制造的表面有一薄层绝缘图形的ITO，用于引导液态硅胶成为所需的微结构，如图4-3所示。正性光刻胶（S1813，罗门哈斯公司，美国）和负性光刻胶（N4340，ALLRESIST，德国）被用来形成导电/绝缘图形 [图4-3（c）~ 图4-3(d)]，通过同一种掩膜版，使用正性光刻胶可以形成孤立岛状导电图案，而孤立岛状非导电图案可以由负性光刻胶来形成。通过设计不同的掩膜版，本实验在 ITO 衬底上分别制作了圆形凹凸阵列，正方形凹凸阵列，文字和数字凹图案。通过调整匀胶速度，可将光刻胶薄膜的厚度控制达到 1.4 μm。液态硅胶在 ITO、正性光刻胶和负性光刻胶上的接触角都小于 10°。

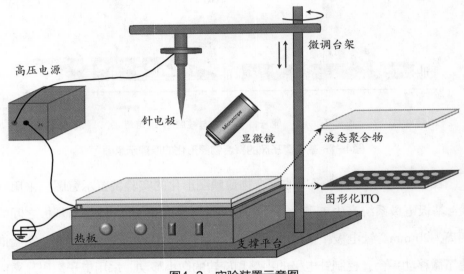

图4-2　实验装置示意图

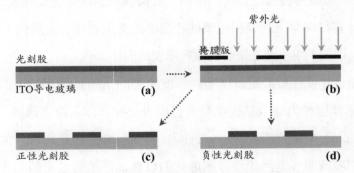

图4-3　制备导电/绝缘图形化基板的光刻工艺

电润湿实验过程如下：在图形化的 ITO 导电玻璃上，使用匀胶机旋涂形成一层厚度约 9 μm 的均匀液态硅胶薄膜。然后打开高压直流电源，在针电极和平板电极之间提供6.0 kV电压。离子风在围绕针尖处产生并向平板电极移动。离子风驱动硅胶完全流进导电区域的作用时间约为10 min。然后在离子风持续作用的条件下，使用加热台对液态硅胶加热固化，加热温度为120 ℃，持续时间约为10 min。最后断开高压直流电源，同时加热1 h使硅胶完全固化。

　　使用数字显微镜（VHX-600，KEYENCE，日本）观察所制造的微图案的微观形貌特征。通过共聚焦显微镜（VK-9700，KEYENCE，日本）观察其剖面图形貌。通过原子力显微镜（SPM9700，SHIMADZU，日本）测量其表面粗糙度。

4.3　聚合物形貌分析

　　对电润湿现象进行实时原位监测，结果如图4-4所示，展示了液体硅胶在具有圆形导电图形阵列基板上的流动过程，阵列的周期为400 μm，单个导电圆形区域的直径为200 μm。整个流动过程分为三个阶段，第一阶段是从初始均匀一致薄膜过渡到导电区域形成规则分布凸起阵列和不导电区域形成不规则分布的小颗粒凸起阵列预润湿形貌状态 [图4-4(a) 和图4-4(b)]。第二阶段是不导电区域不规则分布的小颗粒汇聚成较大颗粒的过程 [图4-4(b) 和图4-4(c)]。第三个阶段是不导电区域上面较大颗粒完全汇聚到导电区域并形成最终期望的规整形貌的过程 [图4-4(c) 和图4-4(d)]。整个流动过程与传统润湿流动过程相仿 [134-135]。

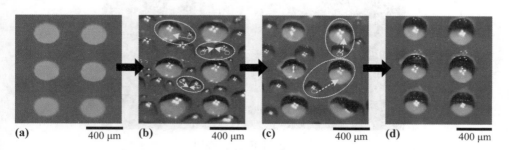

图4-4　在离子风的作用下具有圆形导电图形阵列的基板上的液体硅胶流动过程

为了验证聚合物微结构与绝缘层图案的一致性，图形化 ITO 采用圆形导电区域阵列，周期为300 μm，单个圆形的直径为150 μm，对液体硅胶运动形成圆形阵列进行实验固化并用光学显微镜和激光共聚焦显微镜进行观察和记录，如图4-5（a）和图4-5（b）所示，分别是圆形凸起阵列的光学显微镜图和激光共聚焦显微镜图。由图4-5（a）可以看出所形成的凸起阵列中每一个凸起的轮廓分明，而且全部呈圆形形貌，与基板圆形形貌相吻合。由图4-5（b）可以看出所形成的凸起阵列中每个凸起轮廓分明，而且全部呈圆形形貌，与基板圆形形貌相吻合，凸起各高度在相同的量级，由高到低且表面光滑。由此图可看出本实验成功地制备了一个规整的三维圆形凸起阵列。

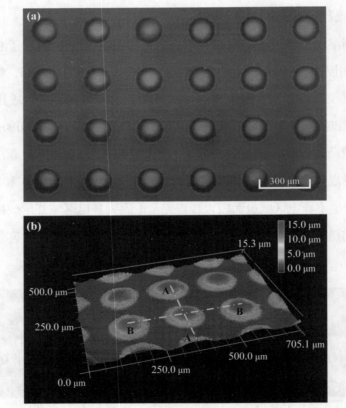

图4-5　圆形凸起阵列

(a) 光学显微镜图；(b) 激光共聚焦显微镜图

图4-6展示了图4-5中单个凸点的激光共聚焦显微镜图和截面图。图4-6（a）中的 A-A 和 B-B 是图4-5（b）和图4-6（a）中相同凸点的截面，由图4-6（b）可以看出圆形凸点的直径和阵列的周期分别为151.6 μm 和301.3 μm，与衬底上导电图案（150 μm 和300 μm）相一致。说明所提出的方法可以制备圆形直径和阵列周期与基板高度一致性的凸起阵列。

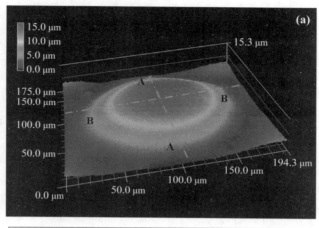

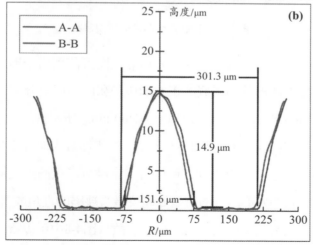

图4-6　单个圆形凸点的激光共聚焦显微镜图和截面图

(a) 单个圆形凸点的激光共聚焦显微镜图；(b) 单个凸点的截面图

图4-7显示了相邻六个凸点的形貌参数，对六个相邻凸点分别进行编号，然后测量直径和高度。平均直径和高度分别为154.5 μm 和15.2 μm，其中，平均直径与衬底上的导电图案直径150 μm 相吻合。直径最大偏差 ΔD 为5.8 μm，高度最大偏差 ΔH 为0.9 μm。直径和高度相对偏差（最大偏差／平均值）分别为3.8% 和5.9%。本图清楚地表明，所提出的方法具有制备高一致性凸起阵列的能力。

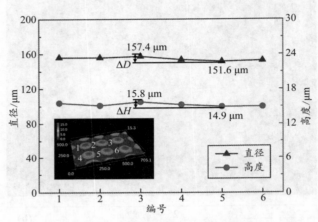

图4-7　相邻六个凸点的形貌参数

利用光刻工艺，在基板上设计了方形导电图形阵列用于形成三维方形凸点阵列，方形导电图形阵列衬底的正方形边长和阵列周期分别为1 000 μm 和2 000 μm、500 μm 和1 000 μm、200 μm 和400 μm。所制备的方形三维聚合物微结构凸点阵列如图4-8(a)～图4-8(c) 所示，这组图片表明在三种基板上都形成了清晰且规整的三维凸点阵列，可以看出三维方形微凸点表面呈现光滑形貌。图4-8(b) 中有些方形凸点的直角处硅胶是有缺陷的直角或者称之为圆角，如中间一个凸点放大后，如图4-8(d) 所示。故从图4-8中可以看出的是各凸点均呈方形，证明该方法具有制造方形凸点三维微结构阵列的能力。

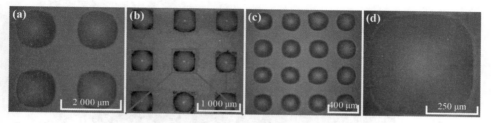

图4-8　方形凸点阵列的光学显微镜图

(a)~(c) 不同尺寸和周期的方形凸点阵列；(d) 单个方形凸点

　　本实验测量了凸点边长和阵列周期分别为500 μm 和1 000 μm 的正方形导电阵列衬底上的三维方形凸起的共聚焦显微镜形貌，图4-9所示为图4-8(d) 中单个正方形凸点的激光共聚焦显微镜图和其截面图，其中，A-A 和 B-B 是水平截面图，即与边长相平行截取，图中 C-C 和 D-D 是对角线截面图。图4-9(a) 可以看出三维方形微凸点表面呈现光滑形貌，并且在方形的四个直角处硅胶呈现为四个圆角。图4-9(b) 是单个方形凸点的截面图，表明方形凸起呈现平稳的形态，凸点的高度约为43.5 μm，方形边长大约为501.6 μm，与导电图形尺寸500 μm 相吻合。沿对角线方向的凸起尺寸约为620.8 μm，小于导电图形 $500 \times \sqrt{2} = 707.1$ μm，其形貌在各个方向上都是高度对称的。

　　通过设计孤立岛状非导电阵列图案衬底来制备出效果良好的方形和圆形凹点微阵列，方形导电图形阵列衬底的正方形边长和阵列周期分别为1 000 μm 和2 000 μm、500 μm 和1 000 μm。圆形导电图形阵列衬底的直径和阵列周期分别为200 μm 和400 μm、100 μm 和200 μm。图4-10显示了不同的凹点阵列的光学显微镜图，这组图片表明在各基板上都形成了轮廓清晰且规整的三维凹点阵列，且各硅胶表面呈现光滑形貌。可以清楚看出本方法成功地制造出了三维圆形凹点微阵列。图4-10(a) 和图4-10(b) 中的方形凹点直角处都显示规整直角或圆角。实验证明该方法具有制造方形和圆形凹点三维微结构阵列的能力。

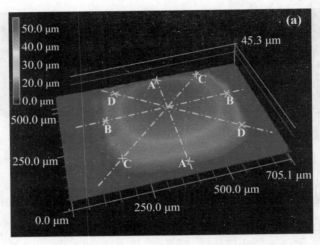

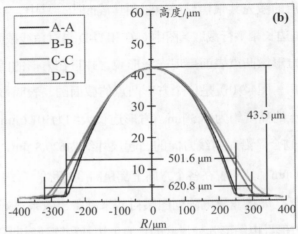

图4-9 单个方形凸点的共聚焦显微镜图和截面图

(a) 共焦显微镜图；(b) 截面图

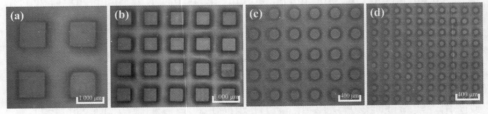

图4-10 不同尺寸和周期的方形和圆形凹点阵列的光学显微镜图

通过设计孤立非导电阵列图案（圆直径为200 μm、阵列周期为400 μm），制作了三维圆形凹点微阵列［图4-10（c）］。图4-11是用激光共焦显微镜拍摄

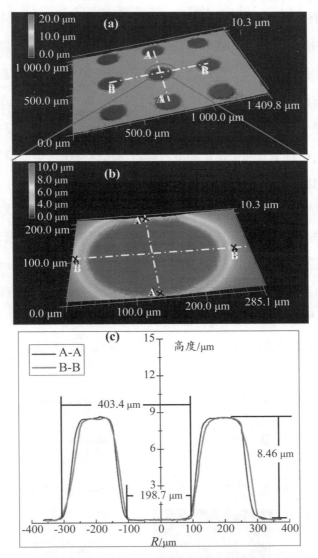

图4-11　直径和周期分别为200 **μm** 和400 **μm** 的圆形凹点阵列、单
个凹点的共聚焦显微镜图和单个凹点的截面图

(a) 圆形凹点阵列的共聚焦显微镜图；(b) 单个凹点的共聚焦显微镜图；(c) 单个凹点的截面图

并测量的圆形凹点微阵列的形貌信息，图4-11（a）是凹点阵列的共聚焦显微镜图，图4-11（b）是单个凹点的共聚焦显微镜图，图4-11（c）中的A-A和B-B是图4-11（a）和图4-11（b）中同一个凹点的截面图。从这个图中可以看出，圆形凹点的深度约为8.4 μm，其底部直径约为198.7 μm，其深度与硅胶原始匀胶厚度相接近，并且其底部直径与衬底上非导电图案200 μm的圆形直径也很接近。圆形凹点微阵列的周期约为403.4 μm比衬底上非导电图案400 μm的阵列周期稍大一点。这个凹点的底部形貌平坦，因此可以推测底部表面没有硅胶。所加工的凹点形貌在各个方向上也是高度对称的。从这些图片可以清楚地得到，本实验成功制造出了三维圆形凹点微阵列。

如图4-12所示，证明了三维圆形微阵列中相邻9个凹点的一致性，对9个相邻凹点分别进行编号，然后测量直径和深度。从这个图可以看出，微阵列的平均直径和深度分别约为198.3 μm和8.4 μm。直径范围从195.6 μm到201.9 μm，偏差为6.3 μm。深度范围从8.2 μm到8.8 μm，偏差为0.6 μm。直径和深度的相对偏差（最大偏差／平均值）分别为3.2%和7.1%。偏差相对较小，可以得出所制备的微凹点阵列具有相对较高的一致性，所提出的方法具有制备三维凹点阵列的能力。

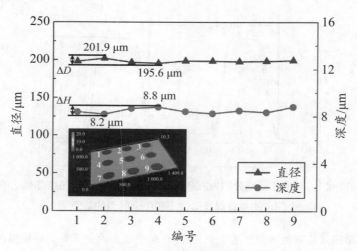

图4-12　相邻9个圆形凹点的形貌参数

通过在图形化 ITO 上制作有英文字母"whu"形状的光刻胶薄膜图形，用离子风的方法制作出字母凹坑三维形貌，如图4-13所示。其中，图4-13（a）是字母"whu"的凹坑三维形貌光学显微镜图，图4-13（b）是共聚焦显微镜测量的结果，字母的宽度约为30 μm，与基板尺寸相吻合，从这个图中可以看到字母清晰的硅胶边缘轮廓，硅胶表面平整且光滑。图4-14显示了数字"25"的凹坑三维形貌光学显微镜图，数字的宽度大约是300 μm，与基板尺寸相吻合，从图中可以看到清晰的硅胶边缘轮廓，并且可以看出数字外面导电区域上的硅胶平整且光滑。这两张图表明，该方法具有制作字母和数字等复杂图形三维形貌的功能。

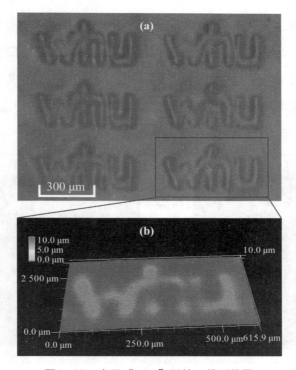

图4-13　字母"whu"凹坑三维形貌图

(a) 光学显微镜图；(b) 共聚焦显微镜图

图4-14　数字"25"凹坑三维形貌光学显微镜图

通过 AFM 测得的微凸点和凹点的表面粗糙度。图4-15(a) 显示了直径为 200 μm 的圆形凹点的表面粗糙度，图4-15(b) 显示了边长为500 μm 的方形凸点的表面粗糙度。在图4-15(a) 中，测量区域在靠近圆形凹点边界的上表面，表面粗糙度 R_a 大约是2.02 nm。在图4-15(b) 中，测量区域在方形凸点的上表面，其表面粗糙度 R_a 约为1.80 nm。因此可以说明，利用这种方法制造的聚合物微结构可以实现超光滑表面即原子尺度的粗糙度。这种加工方法所达到的光滑表面形貌源于液体流动和表面张力作用的原理。

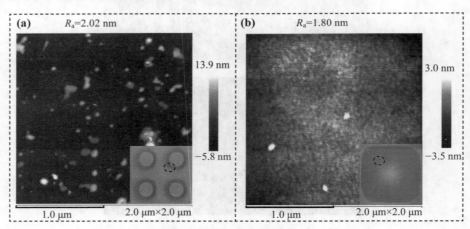

图4-15　AFM 测表面粗糙度

(a) 直径为 200 μm 的圆形凹点；(b) 边长为 500 μm 的方形凸点

4.4　COMSOL 仿真分析

本小节通过 COMSOL 仿真对聚合物成型的机理进行探索。使用 COMSOL Multiphysics 软件的静电模块模拟离子风作用下，图形化阵列基板的电场、电流密度与离子浓度的分布，相关边界条件与实验相对应。针电极与导电基板电极分别设置为高压值（V_H）与地直接（GND），导电基板表面制作有周期为 2 mm 的绝缘图形阵列，离子从针尖发射到基板，计算区域包括空气、绝缘薄膜和导电基板三个区域。导电基板被设置为 ITO 玻璃，绝缘薄膜为光刻胶。导电基板设置为铜基板，绝缘基板设置为环氧板。模拟中使用的具体参数如表 4-1所示。电场方程如第2章公式（2-12）到公式（2-16）所示。

表4-1　主要参数设置

参数	符号	数值	单位
高电压值	V_H	6 000	V
基板与针电极距离	L	20	mm
整个导电基板宽度	W	20	mm
阵列周期	W_0	2	mm
单个导电区域宽度	W_1	1	mm
单个绝缘薄膜宽度	W_2	1	mm
导电基板高度	H_1	1	mm
绝缘薄膜高度	H_2	2	mm
导电基板电导率	σ_1	6.8×10^4	S/m
绝缘薄膜电导率	σ_2	0	S/m
导电基板相对介电常数	ε_1	1	—
绝缘薄膜相对介电常数	ε_2	2.8	—

通过 COMSOL 仿真对聚合物成型过程中的电场进行探索。图4-16所示为离子风作用下图形化阵列基板上的电场分布仿真结果，图中曲线为电势（单位：V）等值线，带箭头的线是电场线，箭头方向为电场方向。模拟结果表明，

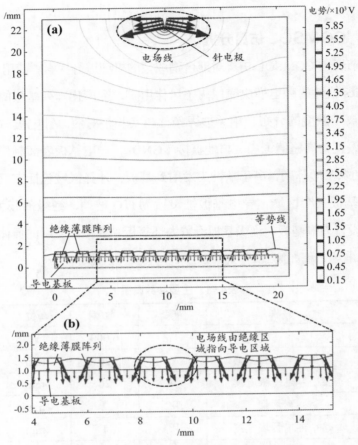

图4-16 图形化阵列基板上的电场分布

当针尖上加有6 000 V 的电压且导电基板上加0 V 电压时,空间电势随着空间位置与针尖的距离增加而降低,直至基板上为最低。可以看出基板图形化导电区域改变了基板表面的电场分布,在图形化基板表面等势线由平滑的水平线(距基板3~10 mm 处的空间等势线)变成绝缘区域低而导电区域高的波浪线。其中,绝缘区域表面的电场强度比导电区域表面的电场强度大,在每个导电绝缘周期内,电场线都是由两边的绝缘区域指向中间的导电区域,如图4-16(b)中椭圆内所示,或者说由每个绝缘区域指向两边的导电区域。因此,在图形化阵列基板上,具有驱动附着有离子的聚合物液体由绝缘区域向两边的导电区域流动的电场作用力。图中所示的电场线的长短和箭头大小可以表示电场强度的相对大小，可以看出每一个周期中由绝缘区域指向导电区域的电场强度是均匀的，故对聚合物液体的作用力都是均匀的，可以形成大小一致的阵列。

离子风作用下电流密度仿真结果如图4-17所示，图中曲线为电势（单位：V）等值线，带箭头的线是电流密度线，箭头方向为电流方向，如图中黑色椭圆区域所示。模拟结果表明，当针尖上加有6 000 V的电压同时导电基板上加0 V电压时，针尖处有电流流出，在图形化阵列基板表面，绝缘区域表面的电流运动到导电区域表面，所有导电区域表面的电流都往下运动到负电极，可知电流从针尖处流动到导电基板然后到负极。从每一个导电区域的箭头来看，电流是大小均匀的，故在图形化基板上，聚合物液体被离子驱动向阵列中的导电基板汇聚，形成大小一致的阵列图形，所形成的图案形貌可以通过导电区域的形状设计来调节。从图中可以看出基板图形化阵列可以改变电流的流向，在实验过程中，将针尖和基板分别连接到高压直流电源的正负两极形成闭合电路，在基板电极和高压直流电源的负极中间，接入数字直流检流计对电路中的电流进行测量，电路中有 μA 级别的电流。

如图4-18所示是离子风作用下离子浓度仿真结果图，图中颜色深浅表示离子浓度梯度变化。模拟结果表明，当针尖上加有6 000 V的电压同时导电基板上加0 V电压时，针尖附近的离子浓度最高，随着空间距离针尖越远，离子浓度越低，在图形化基板表面，阵列中导电区域表面的离子浓度最低，几乎都为0，因为导电区域的离子全部通过导电基板运动到负极。绝缘区域相对于导电区域具有较高的离子浓度，因为绝缘区域阻止了其表面离子朝基板向下扩散，故绝缘区域的离子具有朝导电区域流动的倾向。从中可以看出基板图形化阵列可以改变基板上离子的运动方向，故聚合物液体被离子驱动朝导电区域流动，所形成的图案可以通过对导电区域的形状设计来调节。

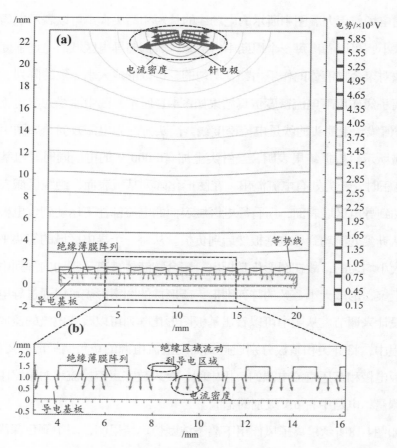

图4-17 图形化阵列基板上的电流密度分布

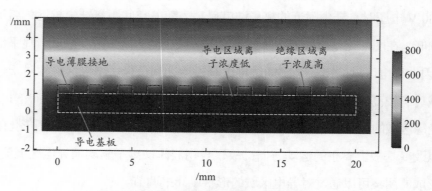

图4-18 图形化阵列基板上的离子浓度分布

4.5　本章小结

本章利用离子风驱动下图形化 ITO 玻璃上的液态聚合物自发从非导电区域运动到导电区域这一基本原理，提出了一种离子风调控液态聚合物薄膜成可控微图形的方法。通过实验制备不同尺寸的圆形、方形凸／凹形状阵列来验证所提方法的可行性。研究表明，所制造的凸和凹两种三维聚合物微结构与在基板上所设计的导电图形的尺寸和形状相吻合，实现了对聚合物的形貌可控。并通过 COMSOL 对图形化阵列基板的电场、电流密度与离子浓度的分布进行仿真探索聚合物成型的机理。源于液体的流动性和表面张力的作用，聚合物微结构表面呈现粗糙度在原子尺度量级，因此利用离子风驱动聚合物成型方法可用于光学或微机电制造等工程领域。另外，与现有的聚合物图形化技术相比，离子风法制备微结构具有非接触、工艺简单、成本低廉等优点。

第5章　离子风驱动下波动微形貌成型及防伪应用

5.1 引　　言

随着全球化和互联网贸易的发展，信息安全问题和产品防伪问题影响着我们日常生活的各个方面，因此越来越受到重视。伪造身份证、货币、签名和重要文件等都会带来严重的负面影响。假冒伪劣在许多行业的商品贸易中仍然愈演愈烈，包括但不限于珠宝、奢侈品、烟酒、化妆品、食品和药品等行业。据报道全世界假冒伪劣产品的市场达到了3 000亿美元之多，每年假冒伪劣产品的成交额已占世界贸易总额的10%[136]。对商品化生产和人们的生活质量所造成的损失不可估量。防伪技术已成为21世纪最关键的技术之一。

近年来工业界和大量科研人员致力于开发先进的防伪技术。其中，包括全息照相[137-139]、纳米条形码[140-141]、量子点标签[142-144]、激光全息技术[145-146]、激光打印[147-148]、形貌防伪[149-152]等。特别地，由于形貌防伪具有强随机性和难克隆性等特性，吸引了大量的研究兴趣[153]。

三维形貌防伪技术是利用液体自组织特性产生的随机褶皱状结构，热能、聚焦离子束和激光器等均可使许多相同的结构直接被转换成独特的褶皱图形。由于起皱的不稳定性，获得相同图案的概率几乎为零，因此所产生的每个图案都可以认为是独一无二的。伪造这样的图形昂贵且不切实际，复制它的成本可能高于被保护的目标物品的价值。

形貌防伪图形的所有路径分别对应于褶皱的脊状或谷状，可通过应用识别算法，来识别其中的随机细节位置和形貌等信息进而提取特征点。所提取的细节点的数量足以揭示这些适用于防伪的皱褶图形之间的不一致性。但传统的图案化方法工艺比较复杂且依赖于复杂的制造装备，因此迫切需要开发一种低成本、易于制备、方便识别的方法。

本书利用离子风驱动下液体聚合物会朝导电区域汇聚，并且在导电区域呈波动微形貌，提出了将这种微形貌固化应用于防伪。首先用石墨铅笔在陶瓷片上用手写笔迹进行签名，然后在陶瓷片上旋涂一层液体聚合物薄膜，并由高压直流电源产生的离子风作用在该液体薄膜上。在离子风的作用下，因为石墨的导电性，故液体聚合物自发地从非书写区域收敛到书写区域，并且在签名上形成随机褶皱形貌。本章节首先研究了微形貌防伪原理，进而提出了一种签名防伪和微形貌防伪相结合的双重防伪方案；从采用离子风制备的聚合物褶皱微图案中提取直径为1 mm 的局部微特征，从凹坑面积、凹坑密度、细节密度等角度分析了局部微特征的复杂度。

5.2　离子风驱动下波动微形貌形成原理

图5-1示意性地说明了离子风作用下制作微图案的流程图。首先在陶瓷片上用石墨铅笔签名，比如字母、汉字或其他形貌，石墨部分连通且与高压直流电源的负极相连接 [图5-1(a)]。然后将一层液态聚合物薄膜旋涂于具有签名的陶瓷片上 [图5-1(b)]，在直流电晕放电产生的离子风的作用下，液态聚合物薄膜表面产生褶皱图案。图5-1(c)~ 图5-1(e) 表示图5-1(a) 中描绘的字母"U"的截面轮廓。由于聚合物的超低电导率，离子聚集在液态薄膜的表面 [图5-1(c)]。石墨在基底上的导电区域是离子的传输路径，由基板上石墨导电区域引导离子运动所产生的库仑力驱动液体聚合物从非书写区域自动收敛到石墨手写区域 [图5-1(d)]。随着离子风作用时间的延续，陶瓷片绝缘区域上的液态聚合物完全收敛于石墨导电区域 [图5-1(e)]。由于随机离子的分布以及小颗粒状的石墨引导液态聚合物中的离子运动，表面褶皱微图案出现在签名上。通过显微镜可以在聚

合物褶皱的表面上观察到随机分布的脊状和谷状 [图5-1(f)]。

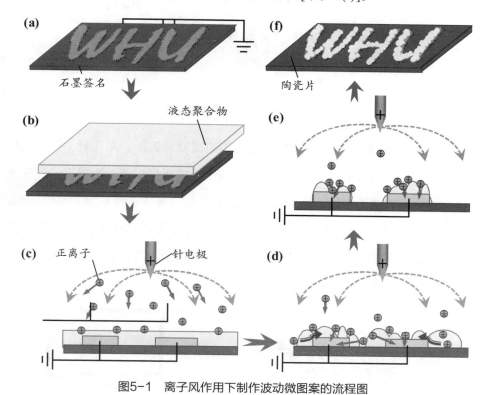

图5-1　离子风作用下制作波动微图案的流程图

(a) 基础"WHU"；(b) 旋涂液体聚合物薄膜；(c)~(e) 产生褶皱微图案的原理；(f) 微图案制作结果

本章提出了利用离子风的作用，在导电石墨签名上制作随机微形貌来实现双重防伪。首先直接在陶瓷片上通过手写铅笔字迹作为第一重签名防伪，然后在签名上利用离子风产生聚合物薄膜随机皱褶图案，作为第二重形貌防伪。由于签名上的聚合物褶皱微图案与人类指纹相似都具有凹凸形貌，因此可采用传统的指纹识别算法提取微图案的细节信息进行存储和识别。图5-2显示出了双重防伪策略的具体描述，使用石墨铅笔的手写字母"W"可以被认为是第一重防伪标志。在字母"W"上的任何微小部分都是在离子风下产生的一种独特的图案经过加热加化产生的，可以被看作是第二重形貌防伪。

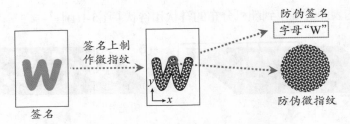

图5-2　签名上制作微图案的双重防伪示意图

图5-3是基于离子风的防伪微形貌制作的实验装置图，采用针-板放电配置。尖端直径为70 μm 的针电极与高压直流电源的正极相连。石墨签名形貌手写于陶瓷片基板的上表面，所有石墨特征形貌都与高压直流电源的负极相连。针尖与陶瓷片的上表面之间的距离约为30 mm。利用高速摄像机和工业透镜在计算机屏幕上实时观察和记录薄膜的变化。液态硅胶在加热台设置为120 ℃的温度下加热10 min 进行固化。

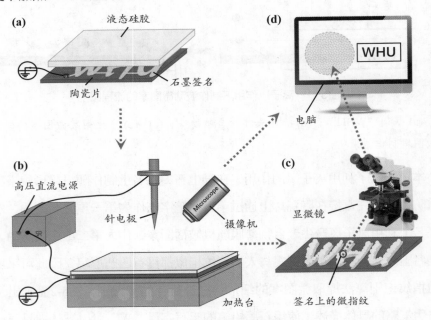

图5-3　实验装置示意图

(a) 旋涂液态薄膜；(b) 产生褶皱微图案；(c) 观察签名上的褶皱微形貌；(d) 提取签名和微图案的细节信息

在签名上产生褶皱微形貌的制造过程描述如下：将具有石墨签名的陶瓷片利用匀胶机旋涂一层均匀的液态硅胶薄膜并置于离子风下 [图5-3(a) 和图5-3(b)]。高压直流电源在两个电极之间提供10.0 kV 的电压，在针尖周围发射离子风并向石墨电极移动，使得液态硅胶表面产生微皱褶形貌。同时，开启温度设置为120 ℃的加热台，并在离子风持续使液态硅胶薄膜表面产生微图案的条件下保持加热10 min，固化微形貌表面。最后，关闭高压直流电源和加热台。使用数字显微镜（VHX-600，KEYENCE，日本）观察并拍摄签名上的褶皱微形貌，并通过 MATLAB 应用指纹识别算法来提取细节信息。

5.3　微形貌防伪复杂度分析

图5-4(a) 用光学显微镜4× 物镜分析利用离子风产生的"WHU"签名上的褶皱微形貌，其中，最突出的特征是液态聚合物向石墨书写区域收敛，并且石墨上的液态聚合物呈随机微形貌。图5-4(b) 显示了用于识别的签名"W"上选取的局部微特征。硅胶薄膜在离子风的作用下产生大量随机的脊状和谷状，这些脊状和谷状形貌类似于指纹正面皮肤上凸凹不平产生的纹线。并且由于纹路并不是连续且平滑笔直的，会有中断、分叉或转折。这些断点、分叉点和转折点就称为"细节点"，用于编码这种微形貌 [154]。收集细节点的参数包括方向、曲率、位置等信息。所选取区域为直径是1 mm 的圆形，细节点的拟合用以揭示这些褶皱图案之间的显著异质性。图5-4(c) 表示从图5-4(b) 中描绘的图像中提取的细节点，利用 MATLAB 程序执行指纹识别算法所提取 [155-156]。将这些提取的细节信息作为创建图像数据库的基础。所有局部微特征可以通过 MATLAB 代码执行的相关计算与数据库中的相应图像相匹配。

接下来，对图中信息复杂度进行分析，对各向异性网点及各向异性网点的分布情况进行计算，如图5-4(c) 中所示为提取的中断、交叉点或转折点等信息，假设我们只选取交叉点中的"Y"形作为识别标志。我们将整个1 mm 直

径的区域分为 N 个网点，假如每个网点最多可以有 p 个"Y"形交叉点，则共有 $\sum_{k=0}^{p} C_N^k$ 种。每个"Y"形交叉点都具有三个方向，将方向分为 $360°/n$ 类，则一个"Y"形交叉点有 x 种，x 的计算如下：

$$x = \frac{360°}{n} \times \frac{360°}{n-1} \times \frac{180°}{n} \tag{5-1}$$

则 k 个"Y"形交叉点有 x^k 种。则1 mm 直径的区域内总共有：

$$Z = \sum_{k=0}^{p} C_N^k \times \left(\frac{360°}{n} \times \frac{360°}{n-1} \times \frac{180°}{n} \right)^p \tag{5-2}$$

在此我们可以简单计算各类数量的下限，假如，$N=20$，有2个"Y"且 $n=10$ 时，则 $Z = 20 \times 19 \times 36 \times 40 \times 18 = 9\,849\,600$。在实际应用时我们可以将整个1 mm 直径的区域网点细化，每个网点可以细化到几微米的直径，方向识别精准时，n 可以选取更小的数。而且同时增加"十""米"等不同交叉点，中断信息或转折点等，其复杂度相当高，图形难以被复制。

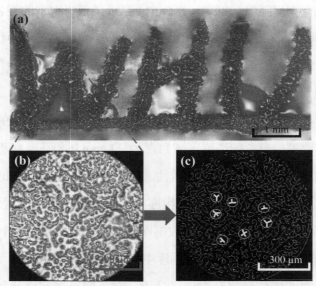

图5-4　离子风作用下制备的褶皱微图案、显微镜图和微图案中提取到的细节

(a) 制备的褶皱微图案；(b) 利用光学显微镜的 20× 物镜对指定部分提取的图案；(c) 微图案中提取到的细节

图5-5显示了几种石墨图案和所提取的细节信息所生成的数据库。利用离子风可以在几乎任何不同字符签名、数字形貌和几何形貌的石墨签名上生成随机微图案。如图5-5所示，四个形貌中的局部信息都是从石墨形貌特征的交叉点或拐角点处选取，易于确定坐标轴的方向。所选取的区域为直径为1 mm 的圆形。实验提取并识别了大量不同的局部微特征，发现相同或类似的指纹信息。最后，应用指纹识别算法对所选取的圆形图案信息进行细节点提取并存储，创建一个图像数据库，使用 MATLAB 算法将微图案信息与数据库中相应的图像进行匹配。

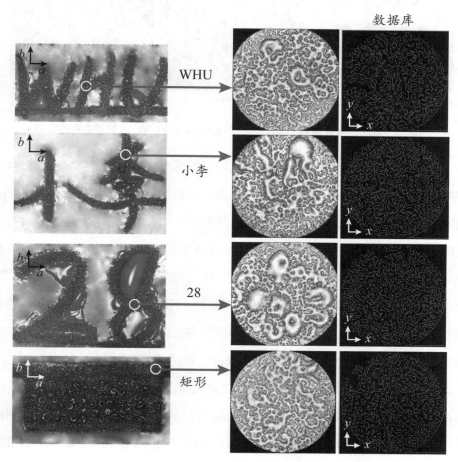

图5-5 在不同石墨签名上产生防伪微图案并生成数据库

　　实际应用中需要对微图案的细节数量和密度进行调控。图5-6描述了通过改变匀胶机旋涂速度的形貌调控结果。在签名陶瓷基片上，分别用旋涂速度为5 000 r/s、7 000 r/s 和9 000 r/s 对液态硅胶进行旋涂，然后在相同的实验条件下，由针尖电压10.0 kV 产生的离子风下，制作随机微形貌。从图中可以看出，在相同条件下，当旋涂速度增加即液态聚合物薄膜的厚度降低时，图形的细节信息变密，凹坑尺寸减小。

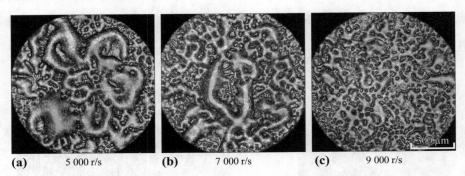

图5-6　旋涂速度分别为5 000 r/s、7 000 r/s 和9 000 r/s 微图案形貌特征

　　测量图5-6中所选圆形区域的凹坑面积、凹坑密度和细节密度，用以揭示这些微图案之间的异质性。图5-7中给出了最小坑面积、最大坑面积和旋涂速度之间的关系。可以看出，在相同条件下，当旋涂速度增加即液态聚合物薄膜的厚度降低时，最小和最大凹坑区域都减小。在9 000 r/s 的旋涂速度下，最小坑面积达到8.0 μm^2。图5-8显示出了凹坑密度、细节密度和旋涂速度之间的关系。当旋涂速度增加即液态聚合物薄膜的厚度降低时，凹坑密度和细节密度都会增加。随着旋涂速度的增加，随机分布的防伪微图案变得越来越复杂。在9 000 r/s 的旋涂速度下，最高凹坑密度约为1 402 / mm^2，最高细节密度约为15 096 / mm^2。

　　图5-9显示了不同电压控制下形成的防伪微图案。在签名陶瓷基片上，用旋涂速度为9 000 r/s 对液态硅胶进行旋涂，然后在相同的实验条件下，分别由针尖电压为6.0 kV、8.0 kV、10.0 kV 和12.0 kV 产生的离子风下制作的随机微形貌中，选取直径是1 mm 的圆形局部微图案用于识别。从图中可以看出，在

相同条件下，当电压增加即离子风中离子密度增加时，图形的细节信息变密，图形变得更复杂。但当电压增大到一定的值时，凹坑尺寸变大，细节信息反而变疏。

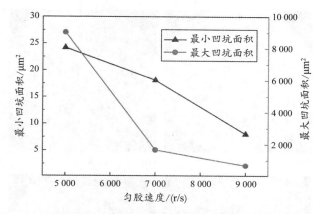

图5-7 凹坑面积与旋涂速度之间的关系图

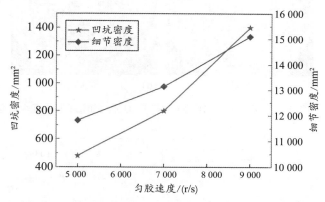

图5-8 凹坑密度与细节密度和旋涂速度之间的关系图

测量图5-9中所选的圆形区域的凹坑面积、凹坑密度和细节密度，用以说明这些微图案之间的异质性。图5-10给出了最小坑面积、最大坑面积和电压之间的关系。可以看出，随着电压的增加，最小和最大凹坑面积都增加。在6.0 kV的电压下，最小凹坑面积为7.1 μm²，在12.0 kV的电压下，最大凹坑面积为6 338.4 μm²。图5-11显示出了凹坑密度、细节密度和电压之间的关系。当电压低于10.0 kV 时，凹坑密度和细节密度随电压升高而升高。当电压超过10.0 kV 时，坑密度和细节密度开始降低。在10.0 kV 的电压下，最高凹坑密度约为 1 030/mm^2，最高细节密度约为12 837/mm^2。

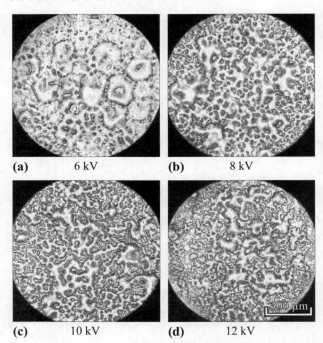

图5-9　在6.0 kV、8.0 kV、10.0 kV 和12.0 kV 的电压下的四个局部微图案

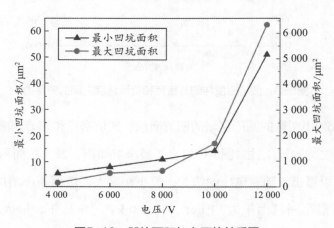

图5-10　凹坑面积与电压的关系图

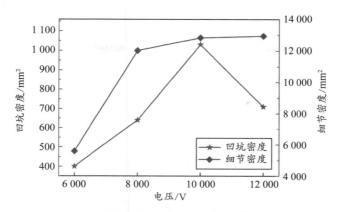

图5-11　凹坑密度与细节密度和电压之间的关系图

5.4　本章小结

本章利用离子风驱动下聚合物在导电区域呈波动性运动这一基本原理，提出了一种离子风驱动微形貌成型与人工签名相结合的双重防伪方案。然后利用指纹识别算法通过 MATLAB 程序实现对所选取的局部微图案进行细节点提取并创建图像数据库，进而分析实验制备的微图案形貌的凹坑面积、凹坑密度、细节密度等防伪参数。研究表明，利用离子风可以在陶瓷片上所有不同的字符石墨签名、数字形貌石墨签名和几何形貌石墨签名上生成随机图案，并且可以通过调整施加电压和旋涂速度，来调节微图案形貌的复杂度，即伪造难度。其中，实验测得的最小凹坑面积为 $7.1\ \mu m^2$，最高凹坑密度为 $1\ 402/mm^2$，最高细节密度为 $15\ 096/\ mm^2$。

另外，本研究具有非接触、工艺简单、制作成本低等优势，且易于验证。因此这种双重防伪技术有望在个人防伪和产品安全中得到应用与推广。

第6章 总结与展望

6.1 全书总结

对聚合物在固体表面运动进行精确控制和操纵的研究在实际应用中具有非常重要的意义。这种液体聚合物控制系统是一个多学科交叉的研究领域，广泛应用于生物学、化学、光学器件、电子技术、芯片实验室技术、微纳米技术等众多领域。实现固体表面液体聚合物可控运动的方法有很多，主要可分为以下两个方面。一是利用适应性技术实现聚合物控制，二是通过表面应力来控制液体聚合物流动。适应性技术，比如模压成型、微米 / 纳米压印、光刻和软刻，激光烧结和激光扫描等方法，工艺成本高，工艺过程复杂，对设备精密性要求高，加工材料针对性强。由于液体聚合物表面不稳定性和自组织性，可以自发地产生不同量级的液态形貌，具有很大的研究价值，故通过表面应力来控制液态聚合物运动吸引了大量的研究兴趣。表面应力主要由表面张力，光，热，声波和库仑力等产生。本书主要是对电驱动中的离子风驱动液体流动进行研究。

本研究通过在针尖上加高电压产生离子风，用以驱动聚合物液体在导电 / 绝缘图形化基板上从绝缘区域向导电区域定向运动；当基板上导电图案为定制化图案时，介电液体在导电区域内可以呈定向汇聚运动或者波浪形定向铺展。这一现象提供了利用离子风作用调控聚合物液体的表面形貌和运动特征的新方法。本书对离子风作用下聚合物液体运动行为进行理论和实验研究，分析了离子风驱动介电液滴运动机理，并应用于聚合物微结构制造、液滴微流控、油水分离、防伪等不同领域。主要研究成果和结论归纳如下：

6.1.1 离子风驱动聚合物液体定向运动

对离子风驱动微液体的基本规律进行了理论分析，并研究了离子风作用下不同液体的运动特性。结果表明，离子风下的图形化基板上导电区域与绝缘区域间形成的电场，电场方向从绝缘区域指向导电区域，可以驱动介电液体从非导电区域朝导电区域流动。实验研究了在离子风作用下，介电液滴与非介电液滴在同质基板上的流动行为。结果表明，介电液滴在导电基板上具有朝四周铺展的现象，在绝缘基板上则没有。另外，离子风可以驱动介电液体朝导电区域流动，并且在导电图案内呈波浪形定向铺展。

对于离子风调控介电液体在导电/绝缘图案化表面的选择性流动行为进行深入研究，主要分为介电液体汇聚行为和定向铺展行为。实验研究了液态硅胶在不同导电/绝缘图形上面的定向汇聚行为。分析了在不同驱动电压下，液态硅胶汇聚的运动速度及液体完全汇聚的时间规律。对介电液体在导电/绝缘图形上面沿导电图案定向铺展进行了详细的分析。驱动电压越高，铺展速度越快，平均速度随垂直倾斜角的增加而减小。硅胶最高的铺展速度可达8.5 mm/s。

6.1.2 离子风作用下介电液滴的微流控应用

提出了在离子风的作用下，通过将电位施加到液滴下方的控制电极，精确地驱动离散液滴运动。首先对液滴控制原理进行分析，并通过4个开关来控制离散介电液滴，实验验证了介电液滴的几种不同的可控流动行为，如聚合、移动、分离与合并。定量分析了不同驱动电压下，硅胶迁移速度的变化规律。得出的结论是驱动电压越高，迁移速度越快。硅胶最高的瞬时迁移速度可以达到1.6 mm/s。并且分析了不同驱动电压下，硅胶液滴从一个稳态运动到另一个稳态所用时间的变化规律，得出电压越高，稳态时间越短，所需最短稳态时间是24 s。通过COMSOL对基板上两个导电区域不同接通状态的电场分布、电流密度与离子浓度的分布进行仿真，探索介电液滴运动的机理。

基于上述对介电液滴微流控的结论，以油水分离为例，介绍了介电液体微流控技术的一种应用前景。首先分析了在不同驱动电压下，油水完全分离的时间规律，电压和电流的关系。研究发现驱动电压越大，分离速度越快，而电路中的电流也会越大。油水分离所用最短时间是14 s，分离后油的纯度大于99%。

6.1.3　离子风调控液态聚合物薄膜成可控微图形

提出了离子风调控聚合物成型制作聚合物微结构的新方法。在离子风的作用下，利用图形化 ITO 玻璃上的液态聚合物自发地从非导电区域流动到导电区域的现象，成功制备了可控聚合物微图形包括大小不同的圆形和方形的凸凹阵列、英文字母和数字等。所制造的凸凹两种聚合物阵列与利用光刻技术在 ITO 导电玻璃上所设计的导电图形的大小和形状相吻合，它们的尺寸从几百微米到几毫米不等。针对制备好的凸和凹两种聚合物阵列，用激光共聚焦显微镜测试其三维形貌以证明阵列的一致性。微图形表面展示了超光滑的特点，且其粗糙度在纳米级别，源于其液体的流动性和表面张力的作用原理。通过 COMSOL 对图形化阵列基板的电场、电流密度与离子浓度的分布进行仿真，探索聚合物成型的机理。

6.1.4　基于离子风微形貌成型的防伪应用

提出了在离子风的作用下，将液体聚合物在石墨导电区域内呈波浪形，并在导电区域铺展过程中的波纹微形貌固化，应用于形貌防伪的方法。利用此方法在陶瓷片上所有不同的字符、数字形貌和几何形貌石墨签名上生成随机微形貌；利用指纹识别算法通过 MATLAB 实现对所选取的圆形局部微特征信息进行细节点提取；实验发现，通过调整所施加的电压和旋涂速度，可以调整微图案的形貌复杂度。测得最小凹坑面积为7.1 μm^2，最高凹坑密度可达1 402/mm^2，最高细节密度为15 096/ mm^2。

6.2 本书创新点

本书的创新点主要体现在以下几个方面：

（1）提出了一种介电液体调控的新方法。离子风驱动作用下，在制作有非导电图形的导电基板上，介电液体会从非导电区域汇聚到导电区域，而非介电液体则不会有相应流动现象。基板上的导电区域呈条状时，介电液体呈波浪形在导电区域内定向铺展。针电极上的驱动电压越高，铺展速度越快。

（2）提出了一种多介电液滴聚散、迁移等行为的微流控方法。在离子风驱动下，通过改变绝缘基板上孤立导电电极的通断状态，可以精确控制基板上介电液滴的聚合、移动、分离与合并等运动行为，最终实现自定义成型控制。

（3）提出了一种离子风调控聚合物成型的新方法。利用离子风驱动介电液体朝导电区域作定向流动的现象，制备了可控聚合物微图形。制作的微图形与所设计基板导电图形的大小和形状吻合，且表面非常光滑，粗糙度在纳米级以内。

6.3 研究展望

本书研究了离子风驱动介电液体的运动规律和机理，实现了介电液体可控运动，并研究了其在聚合物微结构制造、液滴数字微流控、油水分离、防伪等不同领域的应用。取得了一些成果，但在离子风驱动介电液滴运动方面仍有许多研究工作可以开展，包括以下几个方面：

（1）本书提出的利用离子风驱动原理实现液态聚合物微流控技术，可实现对聚合物成型大小、位置的灵活控制。可以增加液滴微流控研究的规模，通过制作大规模控制点来实现液体芯片功能，以满足化学分析和生物医学建立的高集成度和自动化的"芯片实验室"系统等高科技领域对微液滴运动控制的需求。

（2）本书中油水分离对材料的要求较低，只需要导电绝缘特性的基板材质就可以实现分离，而且油提取纯度高，具有一定的应用前景。可以进一步研究离子风作用下油水分离机理，寻找降低所用电极电压和提高油水分离效率的方法，探索离子风作用下，实现工业含油污水和生活中含油废水处理的实际应用，达到油水分离过程中所需要的规模和速度。

可以对离子风调控聚合物成型的大规模制造进行深入研究，提高所制备形貌的可靠性。研究针电极尖的曲率、针电极电压、极间距、基板图形形状、聚合物薄膜高度等对微结构表面形貌的影响。

参考文献

[1] WANG P, LU Q B, FAN Z. Evolutionary design optimization of MEMS: a review of its history and state-of-the-art[J]. Cluster computing, 2018, 22(12): 9105-9111.

[2] HO C M, TAI Y C. Micro-electro-mechanical-systems (MEMS) and fluid flows [J]. Annual review of fluid mechanics, 1998, 30(1): 579-612.

[3] 刘昶. 微机电系统基础 [M]. 黄庆安, 译. 北京：机械工业出版社, 2007.

[4] GARDNER J W, VARADAN V K, AWADELKARIM O O. Microsensors, MEMS and smart devices[M]. West Sussex: John Wiley & Sons, 2001.

[5] FU Y Q, DU H J, HUANG W M, et al. TiNi-based thin films in MEMS applications: a review[J]. Sensors and actuators A: physical, 2004, 112(2/3): 395-408.

[6] 杨振洲. 聚合物微结构平板热压印成型工艺的研究 [D]. 北京：北京化工大学, 2015.

[7] 崔良玉. 聚合物微器件超声微焊接压印工艺研究 [D]. 天津：天津大学, 2014.

[8] IQBAL N, KHAN A S, ASIF A, et al. Recent concepts in biodegradable polymers for tissue engineering paradigms: a critical review[J]. International Materials Reviews, 2018, 64(2): 91-126.

[9] HERNÁNDEZ J R. Wrinkled interfaces: taking advantage of surface instabilities to pattern polymer surfaces[J]. Progress in Polymer Science, 2015, 42: 1-41.

[10] LAN H B, LIU H Z. UV-nanoimprint lithography: structure, materials and

fabrication of flexible molds[J]. Journal of Nanoscience and Nanotechnology, 2013, 13(5): 3145-3172.

[11] WISSER F M, SCHUMM B, MONDIN G, et al. Precursor strategies for metallic nano-and micropatterns using soft lithography[J]. Journal of Materials Chemistry C, 2015, 3(12): 2717-2731.

[12] REBOLLAR E, DE ALDANA J R V, MARTÍN-FABIANI I, et al. Assessment of femtosecond laser induced periodic surface structures on polymer films[J]. Physical Chemistry Chemical Physics, 2013, 15(27): 11287-11298.

[13] FARSHCHIAN B, GATABI J R, BERNICK S M, et al. Laser-induced super-hydrophobic grid patterns on PDMS for droplet arrays formation[J]. Applied Surface Science, 2017, 396: 359-365.

[14] RUCHHOEFT P, COLBURN M, CHOI B, et al. Patterning curved surfaces: template generation by ion beam proximity lithography and relief transfer by step and flash imprint lithography[J]. Journal of Vacuum Science & Technology, B. Microelectronics and Nanometer Structures: Processing, Measurement and Phenomena, 1999, 17(6): 2965-2969.

[15] NEJATI I, DIETZEL M, HARDT S. Exploiting cellular convection in a thick liquid layer to pattern a thin polymer film[J]. Applied Physics Letters, 2016, 108(5): 051604.

[16] POLLACK M G, FAIR R B, SHENDEROV A D. Electrowetting-based actuation of liquid droplets for microfluidic applications[J]. Applied Physics Letters, 2000, 77(11): 1725-1726.

[17] MUKHERJEE R, SHARMA A. Instability, self-organization and pattern formation in thin soft films[J]. Soft Matter, 2015, 11(45): 8717-8740.

[18] TAKESHIMA T, LIAO W, NAGASHIMA Y, et al. Photoresponsive surface

wrinkle morphologies in liquid crystalline polymer films[J]. Macromolecules, 2015, 48(18): 6378-6384.

[19] BHANDARU N, DAS A, MUKHERJEE R. Confinement induced ordering in dewetting of ultra-thin polymer bilayers on nanopatterned substrates[J]. Nanoscale, 2016, 8(2): 1073-1087.

[20] BRABCOVA Z, MCHALE G, WELLS G G, et al. Near axisymmetric partial wetting using interface-localized liquid dielectrophoresis[J]. Langmuir, 2016, 32(42): 10844-10850.

[21] SHARMA A, REITER G. Instability of thin polymer films on coated substrates: rupture, dewetting, and drop formation[J]. Journal of Colloid and Interface Science, 1996, 178(2): 383-399.

[22] BANDYOPADHYAY D, SHARMA A. Self-organized microstructures in thin bilayers on chemically patterned substrates[J]. The Journal of Physical Chemistry C, 2010, 114(5): 2237-2247.

[23] CAMPO A D, ARZT E. Generating micro- and nanopatterns on polymeric materials[M]. New Jersey: Wiley-VCH Verlag GmbH & Co. KGaA, 2011.

[24] ZENG J, KORSMEYER T. Principles of droplet electrohydrodynamics for lab-on-a-chip[J]. Lab on a Chip, 2004, 4(4): 265-277.

[25] FAIR R B. Digital microfluidics: is a true lab-on-a-chip possible[J]. Microfluidics and Nanofluidics, 2007, 3(3): 245-281.

[26] ZHENG H, LUO X, HU R, et al. Conformal phosphor coating using capillary micro-channel for controlling color deviation of phosphor-converted white light-emitting diodes[J]. Optics Express, 2012, 20(5): 5092-5098.

[27] THANGAWNG A L, SWARTZ M A, GLUCKSBERG M R, et al. Bond-detach lithography: a method for micro/nanolithography by precision pdms patterning

[J]. Small, 2007, 3(1): 132-138.

[28] PINER R D, ZHU J, XU F, et al. "Dip-pen" nanolithography[J]. Science, 1999, 283 (5402): 661-663.

[29] HASSELBRINK E F, SHEPODD T J, REHM J E. High-pressure microfluidic control in lab-on-a-chip devices using mobile polymer monoliths[J]. Analytical Chemistry, 2002, 74(19): 4913-4918.

[30] BAROUD C N, GALLAIRE F, DANGLA R. Dynamics of microfluidic droplets [J]. Lab on a Chip, 2010, 10(16): 2032-2045.

[31] THOMS E, SIPPEL P, REUTER D, et al. Dielectric study on mixtures of ionic liquids[J]. Scientific Reports, 2017, 7(1): 7463.

[32] VON HIPPEL A R. Dielectric materials and applications[M]. [S.l.]: Artech House on Demand, 1954.

[33] SHIBAEV V, BOBROVSKY A, BOIKO N. Photoactive liquid crystalline polymer systems with light-controllable structure and optical properties[J]. Progress in Polymer Science, 2003, 28(5): 729-836.

[34] ZHAO Y. Rational design of light-controllable polymer micelles[J]. The Chemical Record, 2007, 7(5): 286-294.

[35] PSALTIS D, QUAKE S R, YANG C H. Developing optofluidic technology through the fusion of microfluidics and optics[J]. Nature, 2006, 442(7101): 381-386.

[36] CHANG C Y, YANG S Y, HUANG L S, et al. Fabrication of polymer microlens arrays using capillary forming with a soft mold of micro-holes array and UV-curable polymer[J]. Optics Express, 2006, 14(13): 6253-6258.

[37] SOLVAS X C I, DEMELLO A. Droplet microfluidics: recent developments and future applications[J]. Chemical Communications, 2011, 47(7): 1936-1942.

[38] TEH S Y, LIN R, HUNG L H, et al. Droplet microfluidics[J]. Lab on a Chip, 2008, 8(2): 198-220.

[39] MURRAN M A, NAJJARAN H. Direct current pulse train actuation to enhance droplet control in digital microfluidics[J]. Applied Physics Letters, 2012, 101(14): 144102.

[40] ZIMMER W B. Electrochemical microfluidics[J]. Chemical Engineering Science, 2011, 66(7): 1412-1425.

[41] LEI B, LIU H Z, JIANG W T, et al. Transparent film with inverted conical microholes array for reflection enhancement[J]. Applied Surface Science, 2016, 369: 143-150.

[42] VO T T T, MAHESH K P O, LIN P H, et al. Impact of self-assembled monolayer assisted surface dipole modulation of PET substrate on the quality of RF-sputtered AZO film[J]. Applied Surface Science, 2017, 403: 356-361.

[43] ATTIA U M, MARSON S, ALCOCK J R. Micro-injection moulding of polymer micro-fluidic devices[J]. Microfluidics and Nanofluidics, 2009, 7(1): 1-28.

[44] HSIEH Y K, CHEN S C, HUANG W L, et al. Direct micromachining of micro-fluidic channels on biodegradable materials using laser ablation[J]. Polymers, 2017, 9(7): 242.

[45] BERTHIER J, BRAKKE K A. The physics of microdroplets[M]. [S.l.]: John Wiley & Sons, 2012.

[46] DUPUIS A, LÉOPOLDÈS J, BUCKNALL D G, et al. Control of drop positioning using chemical patterning[J]. Applied Physics Letters, 2005, 87(2): 024103.

[47] GLEICHE M, CHI L F, FUCHS H. Nanoscopic channel lattices with controlled anisotropic wetting[J]. Nature, 2000, 403(6766): 173-175.

[48] CHAUDHURY M K, WHITESIDES G M. How to make water run uphill[J].

Science, 1992, 256(5063): 1539-1541.

[49] ICHIMURA K, OH S K, NAKAGAWA M. Light-driven motion of liquids on a photo-responsive surface[J]. Science, 2000, 288(5471): 1624-1626.

[50] GARNIER N, GRIGORIEV R O, SCHATZ M F. Optical manipulation of microscale fluid flow[J]. Physical Review Letters, 2003, 91(5): 054501.

[51] SCHÄFFER E, HARKEMA S, ROERDINK M, et al. Morphological instability of a confined polymer film in a thermal gradient[J]. Macromolecules, 2003, 36(5): 1645-1655.

[52] SCHÄFFER E, HARKEMA S, ROERDINK M, et al. Thermomechanical lithography: pattern replication using a temperature gradient driven instability [J]. Advanced Materials, 2003, 15(6): 514-517.

[53] KATZENSTEIN J M, KIM C B, PRISCO N A, et al. A photochemical approach to directing flow and stabilizing topography in polymer films[J]. Macromolecules, 2014, 47(19): 6804-6812.

[54] LYUTAKOV O, TŮMA J, HUTTEL I, et al. Polymer surface patterning by laser scanning[J]. Applied Physics B, 2013, 110(4): 539-549.

[55] EVANDER M, NILSSON J. Acoustofluidics 20: applications in acoustic trapping [J]. Lab on a Chip, 2012, 12(22): 4667-4676.

[56] FRIEND J, YEO L Y. Microscale acoustofluidics: microfluidics driven via acoustics and ultrasonics[J]. Reviews of Modern Physics, 2011, 83(2): 647.

[57] 何成明. 超声波驱动微流体及声流边界层的数值研究 [D]. 武汉：华中科技大学, 2015.

[58] YEO L Y, FRIEND J R. Surface acoustic wave microfluidics[J]. Annual Review of Fluid Mechanics, 2014, 46: 379-406.

[59] REZK A R, MANOR O, FRIEND J R, et al. Unique fingering instabilities and

soliton-like wave propagation in thin acoustowetting films[J]. Nature Communications, 2012, 3: 1167.

[60] WANG Y, XUE D, MEI D. Patterned microstructure array fabrication by using a novel standing surface acoustic wave device[J]. Journal of Micro and Nano-Manufacturing, 2018, 6(2): 021002.

[61] MCHALE G, BROWN C V, SAMPARA N. Voltage-induced spreading and superspreading of liquids[J]. Nature Communications, 2013, 4: 1605.

[62] OHYAMA S, OHYAMA R. Ionic wind characteristics of an EHD micro gas pump constructed with needle-ring electrode system[C]//Electrical Insulation and Dielectric Phenomena (CEIDP), 2011 Annual Report Conference on. IEEE, 2011: 227-230.

[63] BRUGGEMAN P, LIU J, DEGROOTE J, et al. Dc excited glow discharges in atmospheric pressure air in pin-to-water electrode systems[J]. Journal of Physics D: Applied Physics, 2008, 41(21): 215201.

[64] Lippmann G. Relations entre les phénomènes électriques et capillaries[J]. Ann. Chim. Phys., 1875(5): 494-549.

[65] CHOU S Y, ZHUANG L. Lithographically induced self-assembly of periodic polymer micropillar arrays[J]. Journal of Vacuum Science & Technology B: Microelectronics and Nanometer Structures Processing, Measurement, and Phenomena, 1999, 17(6): 3197-3202.

[66] SCHÄFFER E, THURN-ALBRECHT T, RUSSELL T P, et al. Electrically induced structure formation and pattern transfer[J]. Nature, 2000, 403(6772): 874-877.

[67] VOICU N E, HARKEMA S, STEINER U. Electric-field-induced pattern

morphologies in thin liquid films[J]. Advanced Functional Materials, 2010, 16(7): 926-934.

[68] HEIER J, GROENEWOLD J, STEINER U. Pattern formation in thin polymer films by spatially modulated electric fields[J]. Soft Matter, 2009, 5(20): 3997-4005.

[69] PATTADER P S G, BANERJEE I, SHARMA A, et al. Multiscale pattern generation in viscoelastic polymer films by spatiotemporal modulation of electric field and control of rheology[J]. Advanced Functional Materials, 2011, 21(2): 324-335.

[70] 李欣, 邵金友, 田洪淼, 等. 电场诱导微结构图形化形成机理及常温制备工艺 [J]. 纳米技术与精密工程, 2010, 8(6): 504-509.

[71] TIAN H, DING Y, SHAO J, et al. Formation of irregular micro-or nano-structure with features of varying size by spatial fine-modulation of electric field[J]. Soft Matter, 2013, 9(33): 8033-8040.

[72] 刘国杰. 基于静电诱导的微细加工技术研究 [D]. 长春：中国科学院长春光学精密机械与物理研究所，2013.

[73] 陈厚凯. 基于静电诱导技术的微流体通道多物理场仿真与一步成型技术研究 [D]. 长春：中国科学院长春光学精密机械与物理研究所，2014.

[74] ZHANG Y, LIU L J, CHEN Y, et al. Characteristics of ionic wind in needle-to-ring corona discharge[J]. Journal of Electrostatics, 2015, 74: 15-20.

[75] NIEWULIS A, PODLIŃSKI J, KOCIK M, et al. EHD flow measured by 3D PIV in a narrow electrostatic precipitator with longitudinal-to-flow wire electrode and smooth or flocking grounded plane electrode[J]. Journal of Electrostatics, 2007, 65(12): 728-734.

[76] KOPIEV V F, ZAITSEV M Y, KOPIEV V A, et al. Application of corona

discharge acoustic characteristics to determine its properties[J]. Acoustical Physics, 2016, 62(4): 429-435.

[77] GO D B, GARIMELLA S V, FISHER T S, et al. Ionic winds for locally enhanced cooling[J]. Journal of Applied Physics, 2007, 102(5): 654-1930.

[78] 谷建龙，杨波，薛晓红，等．高速载气及离子风对粉尘粒子预荷电的影响[J]．河北大学学报（自然科学版），2007，27（增刊）：102-105.

[79] SCHNEIDER J M, WATSON P K. Electrohydrodynamic stability of space-charge-limited currents in dielectric liquids. I. Theoretical study[J]. The Physics of Fluids, 1970, 13(8): 1948-1954.

[80] WATSON P K, SCHNEIDER J M, TILL H R. Electrohydrodynamic stability of space-charge-limited currents in dielectric liquids. II. Experimental study[J]. The Physics of Fluids, 1970, 13(8): 1955-1961.

[81] PÉREZ A T. Rose-window instability in low conducting liquids[J]. Journal of Electrostatics, 1997, 40: 141-146.

[82] VEGA F, PÉREZ A T. Corona-induced electrohydrodynamic instabilities in low conducting liquids[J]. Experiments in Fluids, 2003, 34(6): 726-735.

[83] REYES F V, GARCÍA F J. Geometric properties of the patterns observed in low conducting liquids under corona discharge[J]. Journal of Electrostatics, 2008, 66(3/4): 178-183.

[84] CHU J C, LEI X, WU J D, et al. Enhanced light extraction efficiency of chip-on board light-emitting diodes through micro-lens array fabricated by ion wind[J]. Optics & Laser Technology, 2017, 89: 92-96.

[85] ZENG J, KORSMEYER T. Principles of droplet electrohydrodynamics for lab-on-a-chip[J]. Lab on a Chip, 2004, 4(4): 265-277.

[86] FAIR R B. Digital microfluidics: is a true lab-on-a-chip possible[J]. Microfluidics

and Nanofluidics, 2007, 3(3): 245-281.

[87] ZHENG H, LUO X B, HU R, et al. Conformal phosphor coating using capillary microchannel for controlling color deviation of phosphor-converted white light-emitting diodes[J]. Optics Express, 2012, 20(5): 5092-5098.

[88] BHARATHAN J, YANG Y. Polymer electroluminescent devices processed by inkjet printing: I. Polymer light-emitting logo[J]. Applied Physics Letters, 1998, 72(21): 2660-2662.

[89] TEKIN E, SMITH P J, SCHUBERT U S. Inkjet printing as a deposition and patterning tool for polymers and inorganic particles[J]. Soft Matter, 2008, 4(4): 703-713.

[90] LEE J J, PARK H H, CHOI K B, et al. Fabrication of hybrid structures using UV roll-typed liquid transfer imprint lithography for large areas[J]. Microelectronic engineering, 2014, 127: 72-76.

[91] FARSHCHIAN B, HURST S M, LEE J, et al. 3D molding of hierarchical micro- and nanostructures[J]. Journal of Micromechanics and Microengineering, 2011, 21(3): 035016.

[92] LIU T, KIM C J. Turning a surface superrepellent even to completely wetting liquids [J]. Science, 2014, 346(6213): 1096-1100.

[93] BÉQUIN P, CASTOR K, SCHOLTEN J. Electric wind characterisation in negative point-to-plane corona discharges in air[J]. The European Physical Journal-Applied Physics, 2003, 22(1): 41-49.

[94] SOHRABI M, KOMIJANI A. Modified single point-to-plane corona poling rotating system for production of electret dosimeters[J]. IEEE Transactions on Dielectrics and Electrical Insulation, 2018, 25(2): 448-456.

[95] SHIN D H, YOON J S, KO H S. Experimental optimization of ion wind generator

with needle to parallel plates for cooling device[J]. International Journal of Heat and Mass Transfer, 2015, 84: 35-45.

[96] KU C C, LIEPINS R. Electrical properties of polymers[M]. New York: Hanser Publishers, 1987.

[97] GULLO F, VILLENEUVE-FAURE C, LE ROY S, et al. Impact of press-molding process on chemical, structural and dielectric properties of insulating polymers [C]//Electrical Insulating Materials (ISEIM), 2017 International Symposium on. IEEE, 2017: 69-72.

[98] 殷之文. 电介质物理学：第二版 [M]. 北京：科学出版社，2003.

[99] MURPHY E J, MORGAN S O. The dielectric properties of insulating materials [J]. Bell System Technical Journal, 1938, 17(4): 640-669.

[100] RAJU G G. Dielectrics in electric fields[M]. Florida: CRC Press, 2016.

[101] COLVER G M, EL-KHABIRY S. Modeling of DC corona discharge along an electrically conductive flat plate with gas flow[J]. IEEE Transactions on Industry Applications, 1999, 35(2): 387-394.

[102] ADAMIAK K, ATTEN P. Simulation of corona discharge in point-plane configuration[J]. Journal of Electrostatics, 2004, 61(2): 85-98.

[103] QUAST M, LALIC N R. Measuring and calculation of positive corona currents using COMSOL multi-physics[C]//Proceedings of the COMSOL Conference. 2009: 1-7.

[104] WEN T Y, WANG H C, KRICHTAFOVITCH I, et al. Novel electrodes of an electrostatic precipitator for air filtration[J]. Journal of Electrostatics, 2015, 73: 117-124.

[105] YAMAMOTO H, MORI K, TAKEMURA K, et al. Numerical modeling of electro-conjugate fluid flows[J]. Sensors and Actuators A: Physical, 2010,

161(1/2): 152-157.

[106] MORI K, YAMAMOTO H, TAKEMURA K, et al. Dominant factors inducing electro-conjugate fluid flow[J]. Sensors and Actuators A: Physical, 2011, 167(1): 84-90.

[107] RAGHAVAN R V, QIN J, YEO L Y, et al. Electrokinetic actuation of low conductivity dielectric liquids[J]. Sensors and Actuators B: Chemical, 2009, 140(1): 287-294.

[108] QIAN C, HUANG H, CHEN L, et al. Dielectrophoresis for bioparticle manipulation[J]. International Journal of Molecular Sciences, 2014, 15(10): 18281-18309.

[109] TAN Y C, FISHER J S, LEE A I, et al. Design of microfluidic channel geometries for the control of droplet volume, chemical concentration, and sorting[J]. Lab on a Chip, 2004, 4(4): 292-298.

[110] MOLEDINA F, CLARKE G, OSKOOEI A, et al. Predictive microfluidic control of regulatory ligand trajectories in individual pluripotent cells[J]. Proceedings of the National Academy of Sciences, 2012, 109(9): 3264-3269.

[111] 常银霞. 基于介电润湿的数字微流控系统中液滴运动性能研究 [D]. 天津：河北工业大学，2012.

[112] WALKER S, SHAPIRO B. A control method for steering individual particles inside liquid droplets actuated by electrowetting[J]. Lab on a Chip, 2005, 5(12): 1404-1407.

[113] LINK D R, GRASLAND-MONGRAIN E, DURI A, et al. Electric control of droplets in microfluidic devices[J]. Angewandte Chemie International Edition, 2006, 45(16): 2556-2560.

[114] BAROUD C N, DE SAINT VINCENT M R, DELVILLE J P. An optical toolbox

for total control of droplet microfluidics[J]. Lab on a Chip, 2007, 7(8): 1029-1033.

[115] SUGIURA S, SZILÁGYI A, SUMARU K, et al. On-demand microfluidic control by micropatterned light irradiation of a photoresponsive hydrogel sheet[J]. Lab on a Chip, 2009, 9(2): 196-198.

[116] BHANDARU N, KARIM A, MUKHERJEE R. Directed ordering of phase separated domains and dewetting of thin polymer blend films on a topographically patterned substrate[J]. Soft Matter, 2017, 13(27): 4709-4719.

[117] GAO F X, ZHANG N, FANG X D, et al. Bioinspired design of strong, tough, and highly conductive polyol-polypyrrole composites for flexible electronics[J]. ACS Applied Materials & Interfaces, 2017, 9(7): 5692-5698.

[118] HERNÁNDEZ J R, CORTAJARENA A L. Design of polymeric platforms for selective biorecognition[M]. Cham: Springer, 2015.

[119] FATHI A, LEE S, BREEN A, et al. Enhancing the mechanical properties and physical stability of biomimetic polymer hydrogels for micro-patterning and tissue engineering applications[J]. European Polymer Journal, 2014, 59: 161-170.

[120] ZHANG Y H, KARTHIKEYAN S, ZHANG J. Polymer-sandwich ultra-thin silicon (100) platform for flexible electronics[J]. Chinese Physics Letters, 2016, 33(6): 066201.

[121] RODRÍGUEZ-HERNÁNDEZ J. Wrinkled interfaces: taking advantage of surface instabilities to pattern polymer surfaces[J]. Progress in Polymer Science, 2015, 42: 1-41.

[122] LAN H, LIU H. UV-nanoimprint lithography: structure, materials and fabrication of flexible molds[J]. Journal of Nanoscience and Nanotechnology,

2013, 13(5): 3145-3172.

[123] WISSER F M, SCHUMM B, MONDIN G, et al. Precursor strategies for metallic nano-and micropatterns using soft lithography[J]. Journal of Materials Chemistry C, 2015, 3(12): 2717-2731.

[124] REBOLLAR E, DE ALDANA J R V, MARTÍN-FABIANI I, et al. Assessment of femtosecond laser induced periodic surface structures on polymer films[J]. Physical Chemistry Chemical Physics, 2013, 15(27): 11287-11298.

[125] FARSHCHIAN B, GATABI J R, BERNICK S M, et al. Laser-induced super-hydrophobic grid patterns on PDMS for droplet arrays formation[J]. Applied Surface Science, 2017, 396: 359-365.

[126] ARÁNZAZUDEL CAMPO. Generating micro- and nanopatterns on polymeric materials[M]. West Sussex: John Wiley & Sons, 2011.

[127] AND G R, KHANNA R. Kinetics of autophobic dewetting of polymer films[J]. Langmuir, 2000, 16(15): 6351-6357.

[128] REITER G. Dewetting of thin polymer films[J]. Physical Review Letters, 1992, 68 (1): 75.

[129] ROY S, ANSARI K J, JAMPA S S K, et al. Influence of substrate wettability on the morphology of thin polymer films spin-coated on topographically patterned substrates[J]. ACS Applied Materials & Interfaces, 2012, 4(4): 1887-1896.

[130] BHANDARU N, DAS A, SALUNKE N, et al. Ordered alternating binary polymer nano-droplet array by sequential spin dewetting[J]. Nano Letters, 2014, 14(12): 7009-7016.

[131] GIANNETTA R W, IKEZI H. Nonlinear deformation of the electron-charged surface of liquid 4he [J]. Physical Review Letters, 1981, 47(12): 849.

[132] ATTEN P, KOULOVA-NENOVA D. EHD instability of insulating liquids due to charge injection from the free surface[C]//Conduction and Breakdown in Dielectric Liquids, 1996, ICDL'96, 12th International Conference on. IEEE, 1996: 476-479.

[133] CHICÓN R, PÉREZ A T. The stability of a horizontal interface between air and an insulating liquid subjected to charge injection[J]. Physics of Fluids, 2014, 26(3): 034103.

[134] JOSE B M, CUBAUD T. Role of viscosity coefficients during spreading and coalescence of droplets in liquids[J]. Physical Review Fluids, 2017, 2(11): 111601.

[135] TELFORD A M, THICKETT S C, NETO C. Functional patterned coatings by thin polymer film dewetting[J]. Journal of Colloid and Interface Science, 2017, 507: 453-469.

[136] 李万昌. 基于互联网的产品征信公众服务平台设计 [D]. 绵阳：西南科技大学，2017.

[137] RUFFATO G, ROSSI R, MASSARI M, et al. Design, fabrication and characterization of computer generated holograms for anti-counterfeiting applications using oam beams as light decoders[J]. Scientific Reports, 2017, 7(1): 18011.

[138] TATE N, NARUSE M, YATSUI T, et al. Nanophotonic code embedded in embossed hologram for hierarchical information retrieval[J]. Optics Express, 2010, 18(7): 7497-7505.

[139] NAM H, SONG K, HA D, et al. Inkjet printing based mono-layered photonic crystal patterning for anti-counterfeiting structural colors[J]. Scientific Reports, 2016, 6: 30885.

[140] SHIKHA S, SALAFI T, CHENG J, et al. Versatile design and synthesis of nano-barcodes[J]. Chemical Society Reviews, 2017, 46(22): 7054-7093.

[141] ARPPE R, SØRENSEN T J. Physical unclonable functions generated through chemical methods for anti-counterfeiting[J]. Nature Reviews Chemistry, 2017, 1(4): 0031.

[142] WANG M, DUONG B, SU M. Organic phase change nanoparticles for in-product labeling of agrochemicals[J]. Nanomaterials, 2015, 5(4): 1810-1819.

[143] BAI L Q, XUE N, ZHAO Y F, et al. Dual-mode emission of single-layered graphene quantum dots in confined nanospace: anti-counterfeiting and sensor applications[J]. Nano Research, 2018, 11(4): 2034-2045.

[144] SONG B, WANG H Y, ZHONG Y L, et al. Fluorescent and magnetic anti-counterfeiting realized by biocompatible multifunctional silicon nanoshuttle-based security ink[J]. Nanoscale, 2018, 10(4): 1617-1621.

[145] PARK I Y, AHN S, KIM Y, et al. Serial number coding and decoding by laser interference direct patterning on the original product surface for anti-counterfeiting[J]. Optics Express, 2017, 25(13): 14644-14653.

[146] SOHN I B, CHOI H K, YOO D, et al. Three-dimensional hologram printing by single beam femtosecond laser direct writing[J]. Applied Surface Science, 2018, 427: 396-400.

[147] YOU M, ZHONG J, HONG Y, et al. Inkjet printing of upconversion nanoparticles for anti-counterfeit applications[J]. Nanoscale, 2015, 7(10): 4423-4431.

[148] SMITH A F, PATTON P, SKRABALAK S E. Plasmonic nanoparticles as a physically unclonable function for responsive anti-counterfeit nanofingerprints [J]. Advanced Functional Materials, 2016, 26(9): 1315-1321.

[149] RÖSSLER F, KUNZE T, LASAGNI A F. Fabrication of diffraction based security elements using direct laser interference patterning[J]. Optics Express, 2017, 25(19): 22959-22970.

[150] TAKEI S. Safety-oriented photolithography of water-soluble resist using water-coating and water-developable processes for edible pharmaceutical polymer films[J]. Applied Physics Express, 2018, 11(8): 086501.

[151] ZHANG S Y, XU Q, WANG Z J, et al. The effect of propylene glycol on the optical properties of iridescent porous anodic alumina films[J]. Journal of Porous Materials, 2018, 25(4): 1213-1217.

[152] HERMENS U, POTHEN M, WINANDS K, et al. Automated polarization control for the precise alignment of laser induced self-organized nanostructures [J]. Optics and Lasers in Engineering, 2018, 101: 44-50.

[153] XIE M X, XU F G, ZHANG L Z, et al. Reversible surface dual-pattern with simultaneousl dynamic wrinkled topography and fluorescence[J]. ACS Macro Letters, 2018, 7(5): 540-545.

[154] BAE H J, BAE S, PARK C, et al. Biomimetic microfingerprints for anti-counterfeiting strategies[J]. Advanced Materials, 2015, 27(12): 2083-2089.

[155] KWAN P W, WELCH M C, FOLEY J J. A knowledge-based decision support system for adaptive fingerprint identification that uses relevance feedback[J]. Knowledge-Based Systems, 2015, 73: 236-253.

[156] CAPPELLI R, FERRARA M, MALTONI D. Large scale fingerprint identification on GPU[J]. Information Sciences, 2015, 306: 1-20.